braumüller

Adam Lessing

Nachhaltig investieren gegen den Klimawandel

braumüller

Bibliografische Information der Deutschen Nationalbibliothek
Die Deutsche Nationalbibliothek verzeichnet diese Publikation in der Deutschen Nationalbibliografie; detaillierte bibliografische Daten sind im Internet über http://dnb.d-nb.de abrufbar.

1. Auflage 2020

Servitengasse 5, A-1090 Wien
www.braumueller.at

Fotomontage Cover: Shutterstock / © LookerStudio; Shutterstock / © mexrix
Druck: EuroPB, Dělostřelecká 344, CZ 261 01 Příbram
ISBN 978-3-99100-305-2

INHALT

Einleitung

Es gibt endlich gute Nachrichten von der Klimafront. Am 11. Dezember 2019 hat die neue Europäische Kommission unter Ursula von der Leyen den Europäischen Green Deal, ein äußerst ambitioniertes Programm, vorgelegt. Die Gangart gegen den Klimawandel wird beschleunigt und verschärft. Das Ziel, Europa bis 2050 klimaneutral zu machen, wird bekräftigt. Auch die Zwischenziele werden deutlich nachgeschärft: Bis 2030 sollen die Emissionen von CO_2 und seinen noch gefährlicheren Äquivalenten wie Methan oder Lachgas nicht mehr nur um 40% sondern um 50 bis 55% reduziert werden. In Österreich hat die neue Bundesregierung selbst diese hochgesteckten Ziele noch verschärft. Gestärkt durch seinen jetzt schon hohen Anteil an nachhaltiger Energieproduktion, will das Land unter seiner türkis-grünen Regierung die Klimaneutralität schon zehn Jahre früher, bis 2040, erreichen.

Diese Pläne haben jedoch eine Kehrseite, oder, besser gesagt, ein Preisschild. Die Investitionen, die notwendig sein werden, um die Ziele zu realisieren, sind außerordentlich hoch. Am 17. Januar 2020 hat die Europäische Kommission Pläne vorgelegt, wie denen, die die Kosten überproportional treffen werden, geholfen wird. Ein „Mechanismus für einen gerechten Übergang“, der Just Transition Mechanism (JTM), wird eingerichtet, um einen Teil der Kosten abzufedern. Es handelt sich aber wirklich nur um einen Teil: Denn selbst die 100 Milliarden Euro an Investitionen, die der JTM liefern soll, sind klein im Verhältnis zu bis zu 300 Milliarden Euro an geschätzten jährlichen Kosten.

Diese enormen Kosten kann man in zwei Kategorien einteilen: „Non-bankable costs“ und „Bankable costs“. Non-bankable sind Kosten und Investitionen, die keinen direkten Ertrag bringen und daher aus öffentlicher Hand finanziert werden müssen. Hier sind die

Budgets der EU und der Mitgliedsstaaten gefragt. Aber ein Großteil der Kosten sind „bankable", also kommerziell finanzierbar, weil sie einen direkten Ertrag bringen: der Bau neuer Windparks, der Ausbau des Schienenverkehrs, die Entwicklung neuer sauberer Technologien. Diese Investitionen bedürfen vielleicht Zinsstützungen oder Staatsgarantien, aber sie können jedenfalls über private Quellen nach üblichen Mechanismen finanziert werden, denn sie bringen Ertrag. Dieses Buch erläutert, wie private Investoren zu diesen Investitionen beitragen und wie Berater sie dabei unterstützen können.

Vor etwas mehr als zwei Jahren war dieses Ergebnis noch undenkbar. Ich hatte damals über den gerade verabschiedeten EU-Aktionsplan für nachhaltige Finanzierung in meiner Kolumne in der Tageszeitung „Presse" einen Artikel unter dem provokanten Titel „Unglaublich aber wahr: Banker retten die Erde" geschrieben. Nur wenige meiner Leser hätten damals Investmentbanker und Finanzanlagen mit dem notwendigen Umbau unserer Wirtschaft in Richtung Nachhaltigkeit in Verbindung gebracht.

In der Zwischenzeit ist das Thema der Nachhaltigkeit in der Finanzwirtschaft angekommen. Greta Thunberg hat alle mit ihren unnachahmlichen Aufrufen aufgerüttelt, und es ist klar, dass der Kampf gegen die Klimakrise nicht nur eine Frage der Regierungen, sondern auch jedes Einzelnen ist. Die Erkenntnis, dass der notwendige Umbau unserer Wirtschaft enorme Geldmittel benötigen wird, die die Staatshaushalte überfordern und daher auch etwas mit den eigenen Ersparnissen zu tun haben werden, ist langsam dabei, sich durchzusetzen. Auch wenn die Summe der nachhaltigen Investments steigt, ist das Thema noch lange nicht im Zentrum der Investmentpraxis angekommen. In Deutschland machen nachhaltige Fonds und Mandate trotz starkem Wachstum gerade einmal 4,5% des Marktes aus, in Österreich 12,8%.

Ein Grund dafür liegt auch in der Unklarheit darüber, was „nachhaltig Investieren" für den Sparer bedeutet. Die verschiedensten Anlagemöglichkeiten werden plötzlich als nachhaltig angepriesen. Im schlimmsten Fall werden ganz normale Investments mit einer dünnen Schicht grüner Farbe versehen und traditionelle Produkte plötzlich als nachhaltig verkauft. Diesen Trick nennt man „Greenwashing".

Dieses Buch soll Ihnen in diesem Dickicht einen Überblick verschaffen. Es soll helfen zu verstehen, welche Möglichkeiten es gibt, mit unserem Ersparten tatsächlich etwas gegen die Klimakrise oder für andere Ziele der nachhaltigen Wirtschaft zu tun. Für Berater und interessierte Investoren ist es eine Hilfestellung, die komplexen Fragen, die mit nachhaltigem Investieren einhergehen, richtig einzuordnen und ein gutes Beratungsgespräch auf beiden Seiten zu führen. Gleichzeitig soll es allen interessierten Bürgern die Möglichkeit bieten, an der wichtigsten Diskussion unserer Zeit informiert teilzunehmen und die wichtigen Entscheidungen, die vor uns stehen, entsprechend mitzutragen.

Dabei werden uns drei Hauptfragen beschäftigen:

Zuallererst müssen wir uns in **Kapitel 1** die Frage stellen, **was genau nachhaltig Investieren heißt**. Weltweit gibt es nun eine weitgehend einheitlich akzeptierte Definition von Nachhaltigkeit, die mit den Buchstaben ESG für „Environment", „Social" und „Governance" abgekürzt wird. Wir werden uns den Inhalt dieser Begriffe genau ansehen. Dabei werden wir viele der immer noch bestehenden Fragen beleuchten: was im Umweltbereich nachhaltig ist (Stichwort Atomkraft und Gentechnologie) bis hin zu Diskussionen über den Stellenwert der sozialen Auswirkungen der Investments und die genaue Bedeutung der sogenannten Governance. Zum anderen werden wir die verschiedenen Strategien der Umsetzung nachhaltiger Investitionen wie „Impact", „Exclusion" oder „Engagement", die Investoren angeboten werden, analysieren und ihre Vor- und Nachteile erläutern.

Danach werden wir uns in **Kapitel 2** die **neuen globalen, europäischen und lokalen Regeln** ansehen, die in diesem Bereich die Struktur und Funktionsweise der Finanzindustrie maßgeblich verändern. Vor allem die Europäische Union, aber auch lokale Gesetzgeber und die supranationalen Institutionen wie die Vereinten Nationen sind extrem aktiv in diesem Bereich, mit dem Ziel, „Finanzströme in nachhaltige Aktivitäten umzulenken". Hier gibt es sowohl permanente Grundsätze als auch laufend neue Regeln. Wir werden uns damit auseinandersetzen, wo diese Regulierung zurzeit steht, und einen Blick in die nahe und fernere Zukunft werfen. Damit werden wir Klarheit schaffen, worauf sich Investoren und Berater jetzt schon verlassen und was sie erwarten können.

Schließlich werden wir in **Kapitel 3** die **großen Investitionspools** beleuchten, die Tausende Milliarden US-Dollar für private Investoren verwalten. Wie investieren Investmentfonds, Pensionskassen und Versicherungen das Geld der traditionellen Sparer und was ändert sich gerade? Wir werden sehen, wie der enorme Druck der neuen Regulierungen sowohl global als auch in der EU dieses Geschäft in Richtung mehr Nachhaltigkeit im Angebot verändert und Beratern und Sparern damit neue Opportunitäten bietet.

Dieses Buch wird Sie – oder, wenn Sie ein Berater sind, ihre Kunden – also weder schnell reich machen, noch dazu aufrufen, auf die Pension zu verzichten, um die Welt zu retten. Mein Ziel ist es, Sie zu einem informierten Teilnehmer am wichtigsten Gespräch unserer Zeit zu machen. Außerdem soll es Ihnen ermöglichen, gut fundierte Entscheidungen darüber zu treffen, ob und, wenn ja, wie genau Investoren mit ihrer Vorsorge dazu beitragen können, gegen die Klimakrise zu investieren.

Dabei wende ich mich in diesem Buch an den normalen Anleger. Wir werden uns daher vorwiegend auf klassische Investmentfonds mit täglicher Liquidität und auf traditionelle Anlageformen wie fondsgebundene Lebensversicherungen oder Pensionspläne konzentrieren. Natürlich gibt es darüber hinaus zahlreiche andere Finanzierungsformen für den Wandel. Beispiele dafür sind der Europäische Investmentfonds (EIF) im Rahmen der Europäischen Investmentbank (EIB) mit seinen Hunderten Milliarden Kreditvolumen, bis hin zu Direktbeteiligungen an Windparks sowie Private Equity Impact Fonds. Anleger, denen diese Finanzierungs- oder Investmentmöglichkeiten offenstehen, haben ihre Private Banker oder Investmentbanker als Berater. Um Anlegern die Entscheidung, wie sie am besten gegen den Klimawandel investieren sollen, zu erleichtern, gibt es daher in **Kapitel 4** eine Übersicht der traditionellen Vorsorgeprodukte mit Hinweisen, wie Sie als Investor oder als Berater feststellen können, ob das **Investment gegen die Klimakrise** etwas taugt. Dieses Kapitel ersetzt natürlich keine Finanzberatung und ist auch nicht als solche gedacht, aber es stellt für Investoren und Berater einen ersten Wegweiser dar.

An den Beginn der meisten Kapitel habe ich kleine Geschichten als Fallbeispiele gestellt. Manchmal habe ich Namen entfernt und kleine Details verändert, um die Vertraulichkeit von Kundengesprächen zu wahren. Sie alle entsprechen aber tatsächlichen Gegebenheiten auf dem Finanzmarkt. Sie sollen dem Leser helfen, die Akteure und Teilnehmer in dieser Entwicklung ein wenig näher kennenzulernen und damit auch besser zu verstehen, wie die Probleme oder auch Lösungsansätze im Bereich der Nachhaltigkeit beschaffen sind.

„I want you to panic“, sagt Greta Thunberg, „because our house is on fire[1].“ Richtig ist daran jedenfalls, dass wir keine Zeit zu verlieren haben. Die Geldsummen, die die Umstellung auf eine nachhaltige Wirtschaft benötigt, sind enorm, und ohne privates Kapital wird sie nicht gelingen. Daher gilt es jetzt, wo man rasch handeln muss, genau zu verstehen, was die Alternativen sind, und informiert zu entscheiden.

Was heißt „nachhaltig"?

Der seltsame Fall des verschwundenen Studentenheims oder: Wie ein Missverständnis, was „nachhaltig" heißt, 200 Millionen kosten kann

Um 8:50 Uhr hält das Taxi vor dem Haupteingang des Kunden. Für die aktuelle Ausschreibung schickt einer der großen globalen Vermögensverwalter ein Pitch Team: zwei Herren und eine Dame in klassischem Investmentbankeraufzug: anthrazitgrauer Anzug bzw. Kostüm, weißes Hemd oder Bluse, Seidenkrawatte in gedeckten Farben für die Männer. Aktentaschen, Laptops, Rollkoffer, die ins Handgepäck des Flugzeugs passen. Es geht heute nur um ein 80-Millionen-Mandat, aber falls sie dieses gewinnen, werden über die nächsten Monate noch einmal bis zu 120 Millionen folgen. Wie üblich ist das Team perfekt vorbereitet. Die Präsentation wurde gestern Abend noch einmal durchgespielt, die Unterlagen ein letztes Mal angepasst, gedruckt und gebunden. Ein Fondsmanager, ein Investment Director, die Leiterin des institutionellen Geschäfts: Es ist das letzte Meeting vor der Entscheidung, ein sogenanntes „Final". Hier wird nicht mehr mit Videokonferenzen gearbeitet, sondern in Person vorgetragen.

Im Konferenzraum wartet das Team des Kunden: Mit mehr als fünf Milliarden veranlagtem Vermögen ist die Pensions- und Vorsorgekasse ein großer institutioneller Investor. Das Team wird geleitet vom Chief Investment Officer, dem CIO. Der CIO ist als Mitglied des Vorstands zuständig für die Veranlagung der Milliarden des Kunden, er ist derjenige, der schlussendlich die Verantwortung für den Veranlagungserfolg (oder Misserfolg) des Investors trägt. Dazu ein Investment Manager, der für die spezielle Veranlagungsart, um die es heute geht, zuständig ist sowie ein Analyst aus seinem Team. Kaffee wird angeboten und gebracht, es folgen die üblichen freundlichen, unverfänglichen Eröffnungsgespräche

(„Wie war die Reise?", „Schön, Sie wiederzusehen", „Kommen Sie auch zur MIPIM, der großen Immobilienkonferenz, nach Cannes?"). Dann geht es zur Sache:

Der CIO erläutert noch einmal die Ausschreibung: Die Kasse plant, neue Mittel stärker in europäischen Immobilien anzulegen. Eine erste Tranche von 80 Millionen wird jetzt aus anderen Veranlagungen umgeschichtet, weitere Aufstockungen werden später regelmäßig erfolgen.

Dann geht es los: das Pitch Team wird jetzt das Produkt, einen nachhaltigen europäischen Immobilienfonds, vorstellen und versuchen, den Kunden zu überzeugen, dieses Produkt auszuwählen. Es beginnt mit einem Überblick über die Investmentphilosophie, die dem Immobilienprodukt, das heute vorgestellt wird, zugrunde liegt: Schutz der Kundengelder, tiefe Analyse der Mieter, lange Mietverträge mit Triple Net Klauseln, angemessener Ertrag aber kein hohes Risiko. Dann wird es technisch: Details rasseln herunter und werden bei Bedarf mit bunten Grafiken oder Tabellen aus den vorbereiteten Unterlagen, den Pitchbooks, illustriert: Teamaufbau und Aufgaben der Teammitglieder, Auswahlprozess der Immobilien und Risikokontrolle, Sektoren und Streuung, Diversifikation des Portfolios. Als Schlusspunkt kommt das Killer-Argument: hervorragende Performance. Mehr als 8% Ertrag jährlich in einer Zeit, in der Staatsanleihen null oder negative Zinsen aufweisen. Das Kundenteam nickt freundlich, macht Notizen, hakt Übereinstimmung mit dem Fragebogen ab. Alles läuft wie geschmiert.

„Wie Sie wissen", leitet der CIO die nächste Präsentationsphase ein, „ist Nachhaltigkeit ein fundamentales Prinzip unserer Investitionen. Erläutern Sie doch bitte diesen Aspekt Ihres Produkts".

Das Team ist vorbereitet: Das Produkt investiert ausschließlich in umweltfreundliche Immobilien. Hervorragende CO_2-Werte der erworbenen Gebäude werden im Detail erläutert. Zertifizierungen nach den strengsten Umweltkriterien der Bauwirtschaft können als Beweis für die umweltfreundliche Bauweise herhalten: In Deutschland sind das die Zertifikate der Deutschen Gesellschaft für Nachhaltiges Bauen, der DGNB. Alle

Immobilien sind DGNB-zertifiziert, viele mit dem höchstmöglichen, dem Gold- oder Platinzertifikat. Aber auch internationale Kriterien werden erfüllt: Die BREEAM, die britische Building Research Establishment Environmental Assessment Methodology, ist das älteste und am weitesten verbreitete Zertifizierungssystem für nachhaltiges Bauen. Auch diese Zertifizierung können die Immobilien aufweisen. Weiteres freundliches Kopfnicken des Kunden bis der Investment Manager des Kunden sich meldet: „Sie haben da sehr hübsche Illustrationen in Ihren Unterlagen", sagt er, „aber ich sehe auf den Fotos nur Büro- und Industriegebäude. Sie investieren doch in sozial wertvolle Gebäude, nicht?"

Die Stimmung im Raum wird plötzlich angespannter. Das Team erläutert noch einmal die Segmentierung des Fonds zwischen Büro-, Industrie- und Wohnimmobilien. Nachdem der Fondsmanager den üblichen Vergleich der Ertrags- und Risikokennzahlen zwischen diesen Segmenten präsentiert hat und nun die ausgewogene Konstruktion des Fonds erläutern will, hakt der CIO des Kunden noch einmal nach. „Nein, nein, Sie missverstehen die Frage", sagt der CIO. „Nachhaltigkeit besteht ja nicht nur aus Umweltfaktoren, sondern auch aus sozialen. Sie wissen doch sicher, dass wir nur in Produkte investieren, die in sozial wertvollen Gebäuden veranlagt sind: Studentenheime, Spitäler oder Altersheime. Wir sind natürlich am Mietertrag auch interessiert, aber die Vorgabe ist, dass das Gebäude sozialen Zielen dient. Ist das nicht ihr Produkt?"

Es herrscht Totenstille im Raum. Der Fondsmanager versucht noch, die Bedeutung von Umweltkriterien für die Nachhaltigkeit herauszustreichen, muss aber nach einem unwilligen Kopfschütteln des CIOs aufgeben. Nach ein paar weiteren verzweifelten Rettungsversuchen ist klar: Das Missverständnis, dass „nachhaltig" für diesen Kunden „sozial wertvoll" bedeutet und nicht „umweltfreundlich", ist nicht zu überbrücken.

Das 200-Millionen-Mandat ist verloren.

Einleitung: Ziele und Strategien

Die Frage „Was heißt denn nachhaltig?“ ist sowohl für Investoren als auch für Berater von zentraler Bedeutung. Denn der Begriff „nachhaltig“ deckt inzwischen nicht nur in unserem täglichen Sprachgebrauch, sondern auch – wie wir später im Detail sehen werden – in finanztechnischen Diskussionen eine Unzahl von möglichen Ausprägungen ab. Er kann für die Vermeidung von Kohleinvestitionen, für das Verbot von Kinderarbeit, für die Gleichstellung von Frauen, für die Vergabe von Mikrokrediten in Entwicklungsländern, für die Finanzierung von Windrädern oder von arbeitslosen Zeitungsverkäufern und schließlich für jede mögliche Kombination all dieser Themen und Anlagestrategien stehen. Das Potential für Missverständnisse ist riesig groß. Für Kunden bedeutet ein solches Missverständnis eine mögliche Enttäuschung über die Anlageergebnisse, für Berater die Gefahr einer Haftung wegen Schlecht- oder Falschberatung.

Dazu kommt noch eine schier unübersichtliche Vielzahl von Produkten: Jüngste Statistiken zählen mehr als 130.000 (!) nachhaltige Investmentfonds und Mandate in Deutschland und mehr als 20.000 in Österreich. Die Produktvielfalt ist sowohl für Investoren als auch für Berater nahezu unüberschaubar geworden und erhöht das Risiko, dass das gewählte Produkt nicht den Erwartungen entspricht.

Wir werden im Folgenden diese Diskussion vereinfachen, indem wir zwei Aspekte der Diskussion voneinander trennen: den Aspekt der **Nachhaltigkeitsziele** und den Aspekt der **Strategien,** die eingesetzt werden sollen, um diese Ziele zu erreichen.

Zum einen stellt sich Investoren die Frage, **welche Ziele mit einer Investition erreicht werden sollen**, damit sie als nachhaltig qualifiziert werden kann. Die Umweltthematik steht hier klar im Zentrum der öffentlichen Aufmerksamkeit: Greta Thunberg hat in

Österreich inzwischen größere Bekanntheit als die ehemalige Bundeskanzlerin. Mit dem Umweltthema ist aber das Thema der Nachhaltigkeit noch lange nicht erschöpft. Kinderarbeit, Korruption, unmäßige Vorstandsgehälter, Waffenproduktion: Soll das durch mein Investment gefördert werden? Das sind nur einige der Fragen, die in letzter Zeit lautstark und breitenwirksam diskutiert wurden. Diese Themenkreise gehören zu den Fragen der sozialen Auswirkungen der Investments und der Governance oder Unternehmensführung, die beide auch das Thema Nachhaltigkeit betreffen. Und schließlich gibt es noch weitere ethische Aspekte, die Investoren wichtig sind, und von denen einige, aber nicht alle, auf der üblichen Liste der Nachhaltigkeitskriterien stehen.

Über generelle Abgrenzungen hinaus gibt es in diesem Bereich eine Unzahl an Einzelfragen. Atomkraft zum Beispiel ist nur eine von vielen emotional belasteten und hochkomplexen Fragen. Wir werden daher weiter unten genau jene Ziele ansehen, die für eine Qualifikation als „nachhaltig" infrage kommen.

Zum anderen aber spielt sich die Diskussion auf der Ebene der **Strategien,** die eingesetzt werden müssen, ab. Wenn ich einmal die Ziele definiert habe, die ich als nachhaltig erachte und erreichen möchte, dann lautet die nächste Frage: Was muss meine Investition genau bewirken, damit sie nachhaltig ist? Genügt es schon, Dinge zu vermeiden, die meinen Zielen genau entgegenstehen, also zum Beispiel nicht in neue umweltbelastende Kohlekraftwerke zu investieren? Oder will ich den Effekt meiner Investition genau messen und nachweisen können? Ist Geld das einzige Mittel, das ich zur Verfügung habe, oder geht es auch darum, Unternehmen zu beeinflussen, das sogenannte „engagement"? Auf dieser Ebene wird zwischen den Spielarten des nachhaltigen Investments von sogenannten „exclusion policies", dem Ausschluss von eindeutig nicht nachhaltigen Investitionen, über „Best in Class"-Ansätze, die Auswahl der nachhaltigsten Investments in jedem Anlagesektor, bis hin zum „Impact Investment", das einen messbaren Einfluss auf die Nachhaltigkeit hat, und schließlich der „engagement policy", der direkten Interaktion mit den Unternehmen, in die investiert wird, zu unterscheiden sein. Sie alle haben in gewissem Maße Auswirkungen auf die Nachhaltigkeit, aber eindeutig in ganz unterschiedlichem Maße. Wir werden im folgenden Kapitel diese Strategien im Detail analysieren und Vor- und Nachteile darstellen.

Ziele: Nachhaltig heißt ESG

In der internationalen Investmentgemeinschaft hat sich für die Definition der Nachhaltigkeitsziele eine Gruppe von Kriterien eingebürgert, die durch das Kürzel „ESG" beschrieben wird. ESG steht für „Environment, Social and Governance" und beschreibt die drei Kriterien, an denen die Nachhaltigkeit der Unternehmenstätigkeit gemessen wird:

E wie Environment steht für Umweltverträglichkeit. Darunter fallen alle Kriterien, an denen gemessen werden soll, ob die Unternehmenstätigkeit schädlich oder nützlich für eine gesunde Umwelt ist. Durch die aktuelle Diskussion um die Klimakrise ist das Thema des CO_2-Ausstoßes sehr stark in den Mittelpunkt dieser Debatte gerückt. Aber Umweltverträglichkeit erschöpft sich nicht nur in der Frage des CO_2–Ausstoßes, auch wenn das die aktuell am meisten diskutierte Frage ist. Stichworte wie Gewässerschutz, Artenschutz, Abfallentsorgung, Kreislaufwirtschaft und viele andere spielen in dieses Thema ebenfalls mit hinein.

S wie Social steht für soziale Faktoren. Hier geht es vor allem darum, wie das Unternehmen mit seiner menschlichen, seiner sozialen Umgebung interagiert: mit seinen Mitarbeitern (zum Beispiel Kinderarbeit oder Gleichstellung), den Gemeinschaften, in denen es tätig ist (zum Beispiel Splittermunition), und mit öffentlichen Stellen (zum Beispiel Korruption).

G wie Governance schließlich steht für die Unternehmensführung. Hier geht es – im Gegensatz zu den ersten beiden Kriterien – nicht um externe, sondern um interne Faktoren des Unternehmens und dessen Leitung. Hier sind zum Beispiel Themen wie solide Managementstrukturen, Rechte der Minderheitsaktionäre, übermäßige Vorstandsgehälter und – neuerdings immer stärker im Fokus – faire Steuerzahlungen angesiedelt. Wenn es sich bei der zu beurteilenden Investition nicht um Unternehmen, sondern um staatliche Einheiten dreht, wie zum Beispiel bei der Frage, ob Staatsanleihen eines gewissen Staates als nachhaltig gelten sollen, wird unter Governance die Staatsführung (zum Beispiel Demokratie) beurteilt.

Der Ansatz, Nachhaltigkeitsziele mit ESG zu definieren, ist mittlerweile in der Finanzbranche allgemein anerkannt. Für Deutschland und Österreich als europäische Staaten ist sie inzwischen auch gesetzlich verankert: Die Europäische Union hat diese Definition zur Basis ihrer Gesetzgebung über nachhaltige Investitionen gemacht. In einer im Dezember 2019 veröffentlichten Verordnung über nachhaltigkeitsbezogene Offenlegungspflichten im Finanzdienstleistungssektor wird in den Begriffsbestimmungen eine nachhaltige Investition wie folgt definiert:

Es ist eine Investition die

- zu einem Umweltziel beiträgt (also E wie Environment) oder
- zu einem sozialen Ziel beiträgt (also S wie Social)
- und (in jedem der beiden Fälle) die Unternehmen, in die investiert wird, gute Unternehmensführung anwenden (also G wie Governance).

VERORDNUNG (EU) 2019/2088 DES EUROPÄISCHEN PARLAMENTS UND DES RATES vom 27. November 2019 über nachhaltigkeitsbezogene Offenlegungspflichten im Finanzdienstleistungssektor[2]

Artikel 2
Begriffsbestimmungen

Für die Zwecke dieser Verordnung bezeichnet der Ausdruck 17. „nachhaltige Investition" eine Investition in eine wirtschaftliche Tätigkeit, die zur Erreichung eines Umweltziels beiträgt, gemessen beispielsweise an Schlüsselindikatoren für Ressourceneffizienz bei der Nutzung von Energie, erneuerbarer Energie, Rohstoffen, Wasser und Boden, für die Abfallerzeugung, und Treibhausgasemissionen oder für die Auswirkungen auf die biologische Vielfalt und die Kreislaufwirtschaft, oder eine Investition in eine wirtschaftliche Tätigkeit, die zur Erreichung eines sozialen Ziels beiträgt, insbesondere eine Investition, die zur Bekämpfung von Ungleichheiten beiträgt oder den sozialen Zusammenhalt, die soziale Integration und die Arbeitsbeziehungen fördert oder eine Investition in Humankapital oder zugunsten wirtschaftlich oder sozial benachteiligter Bevölkerungsgruppen, vorausgesetzt, dass diese Investitionen keines dieser Ziele erheblich beeinträchtigen und die Unternehmen, in die investiert wird, Verfahrensweisen einer guten Unternehmensführung anwenden, insbesondere bei soliden Managementstrukturen, den Beziehungen zu den Arbeitnehmern, der Vergütung von Mitarbeitern sowie der Einhaltung der Steuervorschriften.

Damit ist für unsere Zwecke – also das Gespräch zwischen Investor und Berater in Deutschland oder Österreich über nachhaltige Investments – der Inhalt des Begriffes auf EU-Ebene klargestellt: „Nachhaltig" heißt ESG und nachhaltige Tätigkeiten sind daher solche, die Umweltziele (E) und/oder soziale Ziele (S) in jedem Fall unter Beachtung der Regeln der guten Unternehmensführung (G), anstreben.

Wir werden weiter unten sehen, dass mit dieser EU-Definition für weite Bereiche gesetzliche Klarheit geschaffen wurde. Selbstverständlich gibt es daneben aber auch andere Ziele, die Investoren anstreben können und die im allgemeinen Sprachgebrauch auch als „nachhaltig“ bezeichnet werden. Wir werden uns unten insbesondere ethische Regeln ansehen sowie deren Verhältnis zur ESG-Definition.

Wir können hier aber festhalten, dass zumindest, was die sprachliche Verwirrung betrifft, Klarheit geschaffen wurde: Wir können nun von „nachhaltig im Sinne der EU-Verordnungen“ sprechen und Klarheit haben, dass damit die drei E-, S- und G-Ziele gemeint sind.

Diese Definition bringt uns damit zur nächsten Ebene: Was sind Umweltziele, soziale Ziele oder gute Unternehmensführung?

E für Environment – die Umweltziele

„Alles in Ordnung, wir können Entwarnung geben" oder Die teuerste Ölpest der Geschichte

Um 9:56 Uhr gibt es eine erste starke Erschütterung auf der Ölplattform. Die Lichter beginnen zu flackern und kurz darauf folgt ein zweites starkes Beben. Sekunden später explodiert eine Methangasblase, die das Bohrrohr hinaufgeschossen ist, beim Kontakt mit den heißen Dieselmotoren. Um 10 Uhr am 20. April 2010 steht die Deepwater Horizon in Vollbrand.

Die Deepwater Horizon ist eine schwimmende Ölbohrplattform im Golf von Mexiko. In Südkorea 2001 um 560 Millionen Dollar gebaut, gehört sie der Transocean. Transocean registriert sie auf den Marshallinseln, einer typischen Billigflaggendestination. Danach wird sie an Ölkonzerne verleast. 2010 wird sie an BP verleast, die sie für eine Ölbohrung im Golf von Mexiko einsetzt. Das Bohrloch liegt in 1500 Meter Tiefe im Meer, knapp 70 km vor der Küste von Louisiana.

Die Folgen der Explosion sind katastrophal. Von den 126 Personen an Bord sterben 11. Zwei Tage später, am 22. April 2010, neigt sich die Plattform zur Seite und sinkt. Aber eine ganz andere große Katastrophe spielt sich unter dem Meeresspiegel ab: Die Systeme, die das Bohrloch automatisch verschließen sollten, versagen. Fünf Monate lang, bis zum 19. September, fließt Öl aus dem Bohrloch. Insgesamt treten 4,9 Millionen Barrels (780.000 m^3) Rohöl in den Golf von Mexiko aus. Die Folgen für Fische und andere Meerestiere sind verheerend.

Zu Beginn des Jahres 2010 sieht noch alles anders aus. Die altehrwürdige British Petroleum Company hat sich 2000 umbenannt in BP. Das alte Logo, ein Ritterschild mit den Buchstaben BP wird durch eine grüngelbe Sonne ersetzt. Sie steht für die neue Ausrichtung der Gesellschaft auf Nachhaltigkeit. Die Werbekampagne zur Einführung des neuen Logos bringt auch den neuen Werbespruch der Gesellschaft:

BP steht ab dann für „Beyond Petroleum" für eine Zukunft nach dem Erdöl. BPs neuer Fokus auf Nachhaltigkeit wird auch vom Markt belohnt: Als eines der wenigen Ölunternehmen wird BP in den Dow Jones Sustainability World Index aufgenommen, einen Index der 10% nachhaltigsten Unternehmen in jeder Branche.

Später, nach dem Deepwater Horizon Desaster, wird viel kritisiert, dass BP wenig Aktivität hinter den Werbespruch gesetzt hat. Es wird bemängelt, dass BP wenig in nachhaltige Energien investiert hat: Es sind zwar mehrere Milliarden Dollar, aber das ist bei einem Unternehmen mit 239 Milliarden Dollar Umsatz im Jahr 2009 kaum der Rede wert. Und es wird ebenfalls die Unternehmensführung kritisiert, die bei Umweltinvestitionen (wie den automatischen Abschaltmechanismen für Bohrlöcher) gespart hat.

2009 ist BP allerdings der Star unter den Ölgesellschaften in puncto Nachhaltigkeit. Deshalb wählt einer der größten europäischen Fondsmanager BP als einzige Ölgesellschaft für sein Nachhaltigkeitsportfolio aus: im Best-in-Class-Ansatz scheint BP aus Nachhaltigkeitssicht die beste unter den verfügbaren Ölaktien.

In den zwei Monaten nach dem Unfall fällt die BP-Aktie um 55%: Der Kurs fällt von 59,48 US-Dollar am 19. April 2010 auf 27 US-Dollar am 25. Juni 2010. Umweltrisiken falsch einzuschätzen, kann Investoren sehr teuer zu stehen kommen.

Die Umwelt ist aktuell von extrem vielen Entwicklungen belastet. Es scheint, als ob es eine Unzahl von möglichen Umweltzielen geben könnte. Jedes davon könnte scheinbar als Basis für eine eigene nachhaltige Aktivität gelten: vom Kampf gegen Plastik im Meer, über Maßnahmen gegen das Artensterben oder das Abschmelzen der Polareiskappen, den Schutz der Wälder, bis hin zu allen Maßnahmen zum Klimaschutz.

Um diese Vielzahl an Zielen in den Griff zu bekommen, bedarf es einer allgemein gültigen Systematik. Dafür gibt es kaum einen besseren Ansatzpunkt als eine Definition, die von allen Staaten der Welt anerkannt worden ist. Eine solche finden wir in den „Sustainable Development Goals“: Dabei handelt es sich um einen Katalog mit 17 Zielen und 169 Unterzielen der nachhaltigen Entwicklung, der von allen Mitgliedsstaaten der UN beschlossen wurde und somit globale Gültigkeit hat.

Die 17 Ziele der nachhaltigen Entwicklung der Vereinten Nationen – die SDGs

Im Rahmen einer UNO-Konferenz, dem United Nations Sustainable Development Summit 2015, wurde am 25. September 2015 die sogenannte „Agenda 2030“ beschlossen. Die Agenda 2030, mit vollem deutschen Titel „Transformation unserer Welt: Die Agenda 2030 für nachhaltige Entwicklung“, ist eine Resolution der Generalversammlung der UNO. Der einstimmige Beschluss der UNO Generalversammlung über die 17 Sustainable Development Goals verpflichtet die Staaten, die Erreichung dieser 17 Ziele über die nächsten 15 Jahre, von 2015 bis 2030 (daher der Name „Agenda 2030“), anzustreben. Die Geschichte der 17 SDGs, ihre Entstehung im Rahmen der Agenda 2030 und ihre Umsetzung in anderen globalen und internationalen Dokumenten werden wir später noch erläutern, hier interessiert uns, welche Umweltziele die 17 SDGs festlegen.

Systematik und Inhalt der SDGs

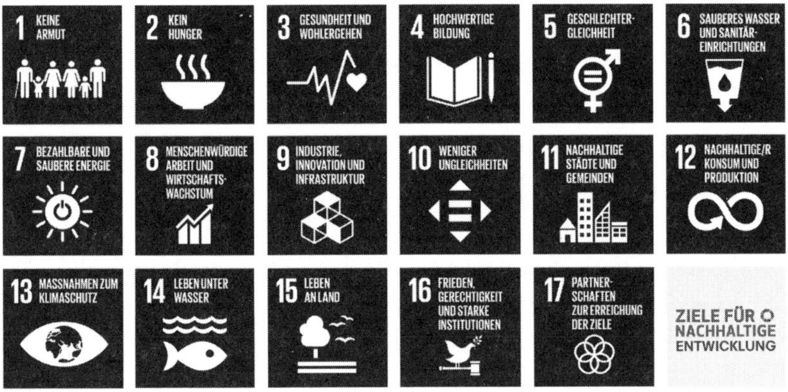

Die 17 Ziele lauten:[3]

1. Armut beenden – Armut in all ihren Formen und überall beenden;

2. Ernährung sichern – den Hunger beenden, Ernährungssicherheit und eine bessere Ernährung erreichen und eine nachhaltige Landwirtschaft fördern;

3. gesundes Leben für alle – ein gesundes Leben für alle Menschen jeden Alters gewährleisten und ihr Wohlergehen fördern;

4. Bildung für alle – inklusive, gerechte und hochwertige Bildung gewährleisten und Möglichkeiten des lebenslangen Lernens für alle fördern;

5. Gleichstellung der Geschlechter – Geschlechtergleichstellung erreichen und alle Frauen und Mädchen zur Selbstbestimmung befähigen;

6. Wasser und Sanitärversorgung für alle – Verfügbarkeit und nachhaltige Bewirtschaftung von Wasser und Sanitärversorgung für alle gewährleisten;

7. nachhaltige und moderne Energie für alle – Zugang zu bezahlbarer, verlässlicher, nachhaltiger und zeitgemäßer Energie für alle sichern;

8. nachhaltiges Wirtschaftswachstum und menschenwürdige Arbeit für alle – dauerhaftes, breitenwirksames und nachhaltiges Wirtschaftswachstum, produktive Vollbeschäftigung und menschenwürdige Arbeit für alle fördern;

9. widerstandsfähige Infrastruktur und nachhaltige Industrialisierung – eine widerstandsfähige Infrastruktur aufbauen, breitenwirksame und nachhaltige Industrialisierung fördern und Innovationen unterstützen;

10. Ungleichheit verringern – Ungleichheit in und zwischen Ländern verringern;

11. nachhaltige Städte und Siedlungen – Städte und Siedlungen inklusiv, sicher, widerstandsfähig und nachhaltig gestalten;

12. nachhaltige Konsum- und Produktionsweisen – nachhaltige Konsum- und Produktionsmuster sicherstellen;

13. Sofortmaßnahmen ergreifen, um den Klimawandel und seine Auswirkungen zu bekämpfen;

14. Bewahrung und nachhaltige Nutzung der Ozeane, Meere und Meeresressourcen;

15. Landökosysteme schützen – Landökosysteme schützen, wiederherstellen und ihre nachhaltige Nutzung fördern, Wälder nachhaltig bewirtschaften, Wüstenbildung bekämpfen, Bodendegradation beenden und umkehren und dem Verlust der biologischen Vielfalt ein Ende setzen;

16. Frieden, Gerechtigkeit und starke Institutionen. Friedliche und inklusive Gesellschaften für eine nachhaltige Entwicklung fördern, allen Menschen Zugang zum Recht ermöglichen und leistungsfähige, rechenschaftspflichtige und inklusive Institutionen auf allen Ebenen aufbauen;

17. Umsetzungsmittel und globale Partnerschaft stärken – Umsetzungsmittel stärken und die globale Partnerschaft für nachhaltige Entwicklung mit neuem Leben füllen

Jedes der 17 Sustainable Development Goals besteht aus dieser überschriftartigen Zusammenfassung des Ziels sowie zwischen fünf und neunzehn Subziele, sodass sich insgesamt 17 Ziele mit 169 Subzielen ergeben.

So lautet die Zusammenfassung von Ziel 1: „Armut in allen ihren Formen und überall beenden." Dieses Ziel wird dann in den darauf folgenden sieben Subzielen 1.1. bis 1.5. sowie 1.a. und 1.b. konkretisiert. Die Subziele von Ziel 1 lauten:[4]

1.1 Bis 2030 die extreme Armut – gegenwärtig definiert als der Anteil der Menschen, die mit weniger als 1,25 Dollar pro Tag auskommen müssen – für alle Menschen überall auf der Welt beseitigen.

1.2 Bis 2030 den Anteil der Männer, Frauen und Kinder jeden Alters, die in Armut in all ihren Dimensionen nach der jeweiligen nationalen Definition leben, mindestens um die Hälfte senken.

1.3 *Den nationalen Gegebenheiten entsprechende Sozialschutzsysteme und -maßnahmen für alle umsetzen, einschließlich eines Basisschutzes, und bis 2030 eine breite Versorgung der Armen und Schwachen erreichen.*

1.4 *Bis 2030 sicherstellen, dass alle Männer und Frauen, insbesondere die Armen und Schwachen, die gleichen Rechte auf wirtschaftliche Ressourcen sowie Zugang zu grundlegenden Diensten, Grundeigentum und Verfügungsgewalt über Grund und Boden und sonstigen Vermögensformen, Erbschaften, natürlichen Ressourcen, geeigneten neuen Technologien und Finanzdienstleistungen einschließlich Mikrofinanzierung haben.*

1.5 *Bis 2030 die Widerstandsfähigkeit der Armen und der Menschen in prekären Situationen erhöhen und ihre Exposition und Anfälligkeit gegenüber klimabedingten Extremereignissen und anderen wirtschaftlichen, sozialen und ökologischen Schocks und Katastrophen verringern.*

1.a *Eine erhebliche Mobilisierung von Ressourcen aus einer Vielzahl von Quellen gewährleisten, einschließlich durch verbesserte Entwicklungszusammenarbeit, um den Entwicklungsländern und insbesondere den am wenigsten entwickelten Ländern ausreichende und berechenbare Mittel für die Umsetzung von Programmen und Politiken zur Beendigung der Armut in all ihren Dimensionen bereitzustellen.*

1.b *Auf nationaler, regionaler und internationaler Ebene solide politische Rahmen auf der Grundlage armutsorientierter und geschlechtersensibler Entwicklungsstrategien schaffen, um beschleunigte Investitionen in Maßnahmen zur Beseitigung der Armut zu unterstützen.*

Zu jedem der Subziele hat die UN Maßzahlen definiert, an denen die Erreichung der Ziele gemessen werden kann.[5] Diese Maßzahlen bilden auch die Grundlage für den jährlich vom Generalsekretär erstellten Bericht[6], in dem der Fortschritt im Hinblick auf die Erreichung der Ziele dokumentiert wird.

Auch wenn die Ziele scheinbar genau abgegrenzt sind, ist es doch klar, dass die Ziele untereinander verknüpft sind. Dabei gibt es sowohl Ziele, deren Erreichung gegenseitig förderlich ist, sowie Ziele, die Konfliktpotential haben, sofern sie nicht gemeinsam angestrebt und erreicht werden: So ist zum Beispiel eines der Subziele, um den Hunger auf der Welt zu beenden,[7]

2.3 bis 2030 die landwirtschaftliche Produktivität und die Einkommen von kleinen Nahrungsmittelproduzenten […] zu verdoppeln.

Dies ist unabdingbar, um die extreme Armut (Ziel 1.1.) zu beseitigen. Gleichzeitig ist, wenn die Produktivität nur durch Einsatz von stickstoffhaltigem Dünger gestärkt wird, die Erreichung von Ziel 2.3. – durch die vermehrte Freisetzung von Lachgas – in Konflikt mit den Klimazielen von Ziel 13. Ebenso gibt es Maßnahmen, die auf mehrere Ziele einzahlen.

Selbstverständlich kann eine solche Liste wie jene der 17 SDGs die Diskussion über jedes einzelne Thema der Nachhaltigkeit nicht abschließend beenden. Allein die in Österreich und Deutschland immer wieder mit Leidenschaft geführte Diskussion über die Nachhaltigkeit der Nutzung der Atomkraft zur CO_2-freien Erzeugung von Energie, gibt davon beredtes Zeugnis.

Die Liste der 17 SDGs mit ihren Subzielen hat sich aber als allgemein anerkannte Zielvorgabe eingebürgert. Der Grund dafür sind zwei Vorteile, die in der unübersichtlichen Diskussion um Nachhaltigkeit unschätzbar sind:

Zum einen bieten die 17 SDGs einen Referenzrahmen, innerhalb dessen die Diskussion um einzelne Nachhaltigkeitsthemen geführt werden kann. Anstelle eines – weitgehend sinnbefreiten – Aufeinanderprallens der gegenteiligen Positionen „Atomkraft ist nachhaltig" vs. „Nein, ist sie nicht!" erlauben es die 17 SDGs, Argumente zu gewichten. Eine Diskussion anhand der Subziele 7.1.[8]

7.1 bis 2030 den allgemeinen Zugang zu bezahlbaren, verlässlichen und modernen Energiedienstleistungen sichern;

und 12.4.[9]

12.4 bis 2020 einen umweltverträglichen Umgang mit Chemikalien und allen Abfällen während ihres gesamten Lebenszyklus in Übereinstimmung mit den vereinbarten internationalen Rahmenregelungen erreichen,

verlagert die Fragestellung auf die Abwägung der Vor- und Nachteile jeder Position wie: Ist Atomkraft bezahlbar und verlässlich? Können die Abfälle umweltverträglich entsorgt werden?

Zum anderen bieten die SDGs eine **stabile Definitionsbasis**. Anstelle der immer wieder aufs Neue diskutierten Frage „Ist diese Aktivität nachhaltig?", ermöglichen sie die klare Aussage „Diese Aktivität unterstützt die Erreichung (eines Subziels) der SDGs". Ob darüber hinaus noch andere Ziele erreicht werden sollen, bleibt unbenommen, aber sie ermöglichen diese einfache Aussage. Damit bieten sie eine Basis für Berichte, die die Unternehmen in zunehmendem Maße liefern müssen, um darzustellen, in welchem Maße ihre Aktivitäten „nachhaltig" sind. Wir werden weiter unten sehen, wie diese Berichte und die darin enthaltenen Daten eine zentrale Rolle in den Investmententscheidungen der globalen Investoren spielen.

Die Umweltziele der SDGs

Die 17 SDGs lassen sich den drei Teilbereichen Environment, Social und Governance zuordnen:

<table>
<tr><th>Environment</th><th>Social</th><th>Governance</th></tr>
<tr><td></td><td>Ziel 1. Armut in allen ihren Formen und überall beenden;</td><td>Ziel 16. Friedliche und inklusive Gesellschaften für eine nachhaltige Entwicklung fördern, allen Menschen Zugang zur Justiz ermöglichen und leistungsfähige, rechenschaftspflichtige und inklusive Institutionen auf allen Ebenen aufbauen;</td></tr>
<tr><td colspan="2">Ziel 11. Städte und Siedlungen inklusiv, sicher, widerstandsfähig und nachhaltig gestalten;</td><td></td></tr>
<tr><td>Ziel 12. Nachhaltige Konsum- und Produktionsmuster sicherstellen;</td><td>Ziel 2. Den Hunger beenden, Ernährungssicherheit und eine bessere Ernährung erreichen und eine nachhaltige Landwirtschaft fördern;</td><td></td></tr>
<tr><td>Ziel 13. Umgehend Maßnahmen zur Bekämpfung des Klimawandels und seiner Auswirkungen ergreifen;*</td><td>Ziel 3. Ein gesundes Leben für alle Menschen jeden Alters gewährleisten und ihr Wohlergehen fördern;</td><td></td></tr>
<tr><td>Ziel 14. Ozeane, Meere und Meeresressourcen im Sinne nachhaltiger Entwicklung erhalten und nachhaltig nutzen;</td><td>Ziel 4. Inklusive, gleichberechtigte und hochwertige Bildung gewährleisten und Möglichkeiten lebenslangen Lernens für alle fördern;</td><td></td></tr>
</table>

<table>
<tr><th>Environment</th><th>Social</th><th>Governance</th></tr>
<tr><td>Ziel 15. Landökosysteme schützen, wiederherstellen und ihre nachhaltige Nutzung fördern, Wälder nachhaltig bewirtschaften, Wüstenbildung bekämpfen, Bodendegradation beenden und umkehren und dem Verlust der biologischen Vielfalt ein Ende setzen;</td><td>Ziel 5. Geschlechtergleichstellung erreichen und alle Frauen und Mädchen zur Selbstbestimmung befähigen;</td><td></td></tr>
<tr><td colspan="2">Ziel 6. Verfügbarkeit und nachhaltige Bewirtschaftung von Wasser und Sanitärversorgung für alle gewährleisten;</td><td></td></tr>
<tr><td></td><td>Ziel 7. Zugang zu bezahlbarer, verlässlicher, nachhaltiger und moderner Energie für alle sichern;</td><td></td></tr>
<tr><td></td><td>Ziel 8. Dauerhaftes, breitenwirksames und nachhaltiges Wirtschaftswachstum, produktive Vollbeschäftigung und menschenwürdige Arbeit für alle fördern;</td><td></td></tr>
<tr><td></td><td colspan="2">Ziel 9. Eine widerstandsfähige Infrastruktur aufbauen, breitenwirksame und nachhaltige Industrialisierung fördern und Innovationen unterstützen;</td></tr>
<tr><td></td><td>Ziel 10. Ungleichheit in und zwischen Ländern verringern;</td><td></td></tr>
<tr><td colspan="3">Ziel 17. Umsetzungsmittel stärken und die Globale Partnerschaft für nachhaltige Entwicklung mit neuem Leben erfüllen;</td></tr>
</table>

Die Zuordnung ist etwas willkürlich, weil viele Subziele über die Grenzen jeweils eines der Begriffe Environment, Social und Governance hinausreichen. Eine solche klare Ordnung widerspricht auch den Intentionen des High Level Panels of Eminent Persons, die vom Generalsekretär der UNO mit der Ausarbeitung der Ziele beauftragt wurde. In ihrem Bericht sagen sie:

> *We came to the conclusion that the moment is right to merge the social, economic and environmental dimensions of sustainability guiding international development. ... Developing a single, sustainable development agenda is critical. Without ending poverty, we cannot build prosperity; too many people get left behind. Without building prosperity, we cannot tackle environmental challenges; we need to mobilise massive investments in new technologies to reduce the footprint of unsustainable production and consumption patterns. Without environmental sustainability, we cannot end poverty; the poor are too deeply affected by natural disasters and too dependent on deteriorating oceans, forests and soils.*
>
> *The need for a single agenda is glaring, as soon as one starts thinking practically about what needs to be done.*[10]

Trotzdem hilft uns eine solche Einteilung nach E, S und G, die vielen Fragestellungen, die auf Investoren und Berater zukommen, in eine gewisse Ordnung anhand der Sustainable Development Goals zu bringen und eine erste große Liste der Umweltziele zu erstellen.

Was sind nun die Umweltziele der Sustainable Development Goals im Detail?

Die Umweltziele der 17 SDGs im Einzelnen

Wenn wir von der oben getroffenen Einteilung ausgehen, dann sind Umweltziele im engeren Sinne die Ziele 12, 13, 14 und 15 sowie zum Teil Ziel 6 und Ziel 11 der Sustainable Development Goals.

Ziel 12 Nachhaltige Konsum- und Produktionsweisen – nachhaltige Konsum- und Produktionsmuster sicherstellen;

Ziel 13 Sofortmaßnahmen ergreifen, um den Klimawandel und seine Auswirkungen zu bekämpfen;

Ziel 14 Bewahrung und nachhaltige Nutzung der Ozeane, Meere und Meeresressourcen;

Ziel 15 Landökosysteme schützen – Landökosysteme schützen, wiederherstellen und ihre nachhaltige Nutzung fördern, Wälder nachhaltig bewirtschaften, Wüstenbildung bekämpfen, Bodendegradation beenden und umkehren und dem Verlust der biologischen Vielfalt ein Ende setzen;

Ziel 6 Wasser und Sanitärversorgung für alle – Verfügbarkeit und nachhaltige Bewirtschaftung von Wasser und Sanitärversorgung für alle gewährleisten;

Ziel 11 nachhaltige Städte und Siedlungen – Städte und Siedlungen inklusiv, sicher, widerstandsfähig und nachhaltig gestalten.

Ziel 12 ist das klassische Ziel der Kreislaufwirtschaft. Es geht primär darum, Ressourcen sparsam einzusetzen und Rohstoffe wiederzuverwerten. Dazu kommen aber auch Aspekte, wie die Verschwendung von Lebensmitteln einzuschränken und Abfall zu vermeiden. Und, wie wir regelmäßig bei den SDGs sehen werden, liegt ein besonderes Augenmerk auf den Bedürfnissen der Entwicklungsländer. Das zeigen auch klar die Subziele von Ziel 12:[11]

12.1 *Den Zehnjahres-Programmrahmen für nachhaltige Konsum- und Produktionsmuster umsetzen, wobei alle Länder, an der Spitze die entwickelten Länder, Maßnahmen ergreifen, unter Berücksichtigung des Entwicklungsstands und der Kapazitäten der Entwicklungsländer;*

12.2 *bis 2030 die nachhaltige Bewirtschaftung und effiziente Nutzung der natürlichen Ressourcen erreichen;*

12.3 *bis 2030 die weltweite Nahrungsmittelverschwendung pro Kopf auf Einzelhandels- und Verbraucherebene halbieren und die entlang der Prod uktions- und Lieferkette entstehenden Nahrungsmittelverluste einschließlich Nachernteverlusten verringern;*

12.4 *bis 2020 einen umweltverträglichen Umgang mit Chemikalien und allen Abfällen während ihres gesamten Lebenszyklus in Übereinstimmung mit den vereinbarten internationalen Rahmenregelungen erreichen und ihre Freisetzung in Luft, Wasser und Boden erheblich verringern, um ihre nachteiligen Auswirkungen auf die menschliche Gesundheit und die Umwelt auf ein Mindestmaß zu beschränken;*

12.5 *bis 2030 das Abfallaufkommen durch Vermeidung, Verminderung, Wiederverwertung und Wiederverwendung deutlich verringern;*

12.6 *die Unternehmen, insbesondere große und transnationale Unternehmen, dazu ermutigen, nachhaltige Verfahren einzuführen und in ihre Berichterstattung Nachhaltigkeitsinformationen aufzunehmen;*

12.7 in der öffentlichen Beschaffung nachhaltige Verfahren fördern, im Einklang mit den nationalen Politiken und Prioritäten;

12.8 bis 2030 sicherstellen, dass die Menschen überall über einschlägige Informationen und das Bewusstsein für nachhaltige Entwicklung und eine Lebensweise in Harmonie mit der Natur verfügen;

12.a die Entwicklungsländer bei der Stärkung ihrer wissenschaftlichen und technologischen Kapazitäten im Hinblick auf den Übergang zu nachhaltigeren Konsum- und Produktionsmustern unterstützen;

12.b Instrumente zur Beobachtung der Auswirkungen eines nachhaltigen Tourismus, der Arbeitsplätze schafft und die lokale Kultur und lokale Produkte fördert, auf die nachhaltige Entwicklung entwickeln und anwenden;

12.c die ineffiziente Subventionierung fossiler Brennstoffe, die zu verschwenderischem Verbrauch verleitet, durch Beseitigung von Marktverzerrungen entsprechend den nationalen Gegebenheiten rationalisieren, unter anderem durch eine Umstrukturierung der Besteuerung und die allmähliche Abschaffung dieser schädlichen Subventionen, um ihren Umweltauswirkungen Rechnung zu tragen, wobei die besonderen Bedürfnisse und Gegebenheiten der Entwicklungsländer in vollem Umfang berücksichtigt und die möglichen nachteiligen Auswirkungen auf ihre Entwicklung in einer die Armen und die betroffenen Gemeinwesen schützenden Weise so gering wie möglich gehalten werden;

Woran können wir Fortschritte bei diesem Ziel festmachen? Wie oben schon erwähnt, publizieren die Vereinten Nationen jährlich einen Bericht in Bezug auf die Erreichung der Nachhaltigkeitsziele, den „Sustainable Goals Progress Report". Eine wichtige Maßzahl für Ziel 12 ist die Gesamtmenge an Rohmaterialien, die weltweit gefördert werden, der sogenannte „Material footprint". Wenn wir mit Ressourcen sparsamer umgehen, wenn wir mehr recyclen, sollte der Material Footprint relativ oder, besser noch, absolut fallen. Dies ist der Fall, wenn wir den Ressourcenverbrauch vom Wirtschaftswachstum entkoppeln. Auf Basis der UN-Zahlen steigt der Material Footprint allerdings nicht nur weiter an, sondern er steigt rascher als die Weltbevölkerung und rascher als das Wirtschaftswachstum. Das Ziel wird daher derzeit nicht nur verfehlt, sondern die Welt verbraucht relativ noch mehr Ressourcen als bisher für das Wachstum der Wirtschaft.[12]

Population, material footprint and GDP growth index, 2000-2017 (baseline 2000=100)

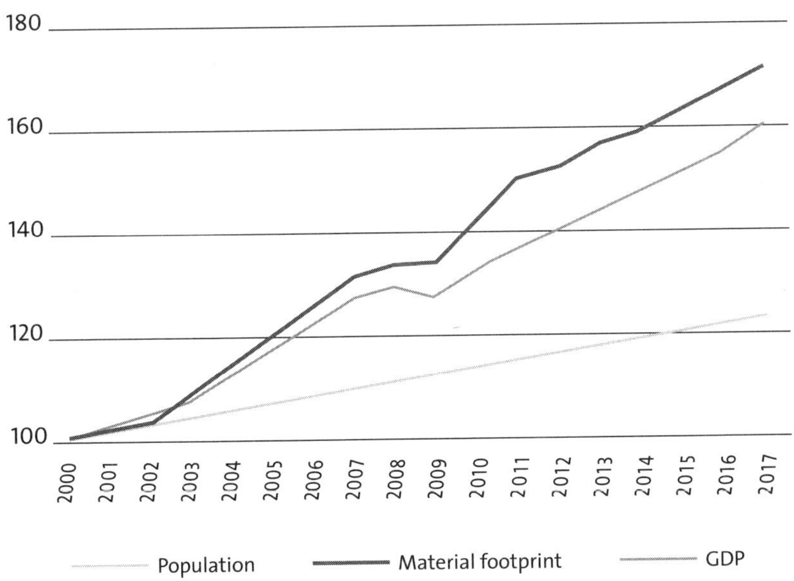

Ziel 13 betrifft den Klimawandel. Die Subziele betreffen sowohl die Anpassung an die (jetzt schon unvermeidlichen) Auswirkungen des Klimawandels, als auch die Begrenzung des Klimawandels selbst. Aufgrund der zeitlichen Abfolge des Beschlusses der Agenda 2030 und der Pariser Klimavereinbarung sind die Ziele von Paris nicht explizit als Subziel genannt. Allerdings verweist der Titel von Ziel 13 selbst in einer Fußnote auf den Vorrang der UN-Rahmenkonvention gegen den Klimawandel.

*13. Umgehend Maßnahmen zur Bekämpfung des Klimawandels und seiner Auswirkungen ergreifen;**

13.1 die Widerstandskraft und die Anpassungsfähigkeit gegenüber klimabedingten Gefahren und Naturkatastrophen in allen Ländern stärken;

13.2 Klimaschutzmaßnahmen in die nationalen Politiken, Strategien und Planungen einbeziehen;

13.3 die Aufklärung und Sensibilisierung sowie die personellen und institutionellen Kapazitäten im Bereich der Abschwächung des Klimawandels, der Klimaanpassung, der Reduzierung der Klimaauswirkungen sowie der Frühwarnung verbessern;

13.a die Verpflichtung erfüllen, die von den Vertragsparteien des Rahmenübereinkommens der Vereinten Nationen über Klimaänderungen, die entwickelte Länder sind, übernommen wurde, bis 2020 gemeinsam jährlich 100 Milliarden Dollar aus allen Quellen aufzubringen, um den Bedürfnissen der Entwicklungsländer im Kontext sinnvoller Klimaschutzmaßnahmen und einer transparenten

* In Anerkennung dessen, dass das Rahmenübereinkommen der Vereinten Nationen über Klimaänderungen das zentrale internationale zwischenstaatliche Forum für Verhandlungen über die globale Antwort auf den Klimawandel ist.

Umsetzung zu entsprechen, und den Grünen Klimafonds vollständig zu operationalisieren, indem er schnellstmöglich mit den erforderlichen Finanzmitteln ausgestattet wird;

13.b Mechanismen zum Ausbau effektiver Planungs- und Managementkapazitäten im Bereich des Klimawandels in den am wenigsten entwickelten Ländern und kleinen Inselentwicklungsländern fördern, unter anderem mit gezielter Ausrichtung auf Frauen, junge Menschen sowie lokale und marginalisierte Gemeinwesen.[13]

Auch hier kann, wie schon bekannt, der Progress Report keine Fortschritte verzeichnen.

Ziel 14 betrifft die Meere, und dazu gehört zum Teil Ziel 6, das auch die Süßwasserreserven betrifft.

Wie alle Ziele der SDGs sind diese Ziele mit detaillierten Unterzielen ausgestattet:

14.1 bis 2025 alle Arten der Meeresverschmutzung, insbesondere durch vom Lande ausgehende Tätigkeiten und namentlich Meeresmüll und Nährstoffbelastung, verhüten und erheblich verringern;

14.2 bis 2020 die Meeres- und Küstenökosysteme nachhaltig bewirtschaften und schützen, um unter anderem durch Stärkung ihrer Resilienz erhebliche nachteilige Auswirkungen zu vermeiden, und Maßnahmen zu ihrer Wiederherstellung ergreifen, damit die Meere wieder gesund und produktiv werden;

14.3 die Versauerung der Ozeane auf ein Mindestmaß reduzieren und ihre Auswirkungen bekämpfen, unter anderem durch eine verstärkte wissenschaftliche Zusammenarbeit auf allen Ebenen;

14.4 bis 2020 die Fangtätigkeit wirksam regeln und die Überfischung, die illegale, ungemeldete und unregulierte Fischerei und zerstörerische Fangpraktiken beenden und wissenschaftlich fundierte Bewirtschaftungspläne umsetzen, um die Fischbestände in kürzestmöglicher Zeit mindestens auf einen Stand zurückzuführen, der den höchstmöglichen Dauerertrag unter Berücksichtigung ihrer biologischen Merkmale sichert;

14.5 bis 2020 mindestens 10% der Küsten- und Meeresgebiete im Einklang mit dem nationalen Recht und dem Völkerrecht und auf der Grundlage der besten verfügbaren wissenschaftlichen Informationen erhalten;

14.6 bis 2020 bestimmte Formen der Fischereisubventionen untersagen, die zu Überkapazitäten und Überfischung beitragen, Subventionen abschaffen, die zu illegaler, ungemeldeter und unregulierter Fischerei beitragen, und keine neuen derartigen Subventionen einführen, in Anerkennung dessen, dass eine geeignete und wirksame besondere und differenzierte Behandlung der Entwicklungsländer und der am wenigsten entwickelten Länder einen untrennbaren Bestandteil der im Rahmen der Welthandelsorganisation geführten Verhandlungen über Fischereisubventionen bilden sollte. (Unter Berücksichtigung der laufenden Verhandlungen im Rahmen der Welthandelsorganisation, der Entwicklungsagenda von Doha und des Mandats der Ministererklärung von Doha.);

14.7 bis 2030 die sich aus der nachhaltigen Nutzung der Meeresressourcen ergebenden wirtschaftlichen Vorteile für die kleinen Inselentwicklungsländer und die am wenigsten entwickelten Länder erhöhen, namentlich durch nachhaltiges Management der Fischerei, der Aquakultur und des Tourismus;

14.a *die wissenschaftlichen Kenntnisse vertiefen, die Forschungskapazitäten ausbauen und Meerestechnologien weitergeben, unter Berücksichtigung der Kriterien und Leitlinien der Zwischenstaatlichen Ozeanografischen Kommission für die Weitergabe von Meerestechnologie, um die Gesundheit der Ozeane zu verbessern und den Beitrag der biologischen Vielfalt der Meere zur Entwicklung der Entwicklungsländer, insbesondere der kleinen Inselentwicklungsländer und der am wenigsten entwickelten Länder, zu verstärken;*

14.b *den Zugang der handwerklichen Kleinfischer zu den Meeresressourcen und Märkten gewährleisten;*

14.c *die Erhaltung und nachhaltige Nutzung der Ozeane und ihrer Ressourcen verbessern und zu diesem Zweck das Völkerrecht umsetzen, wie es im Seerechtsübereinkommen der Vereinten Nationen niedergelegt ist, das den rechtlichen Rahmen für die Erhaltung und nachhaltige Nutzung der Ozeane und ihrer Ressourcen vorgibt, worauf in Ziffer 158 des Dokuments „Die Zukunft, die wir wollen“ hingewiesen wird.*[14]

Zum Umweltschutz des Wassers gehören auch zwei Subziele des (an sich den sozialen Zielen zuzurechnenden) Ziels 6, der allgemeinen Wasserversorgung:

6.3 *bis 2030 die Wasserqualität durch Verringerung der Verschmutzung, Beendigung des Einbringens und Minimierung der Freisetzung gefährlicher Chemikalien und Stoffe, Halbierung des Anteils unbehandelten Abwassers und eine beträchtliche Steigerung der Wiederaufbereitung und gefahrlosen Wiederverwendung weltweit verbessern;*

6.4 *bis 2030 die Effizienz der Wassernutzung in allen Sektoren wesentlich steigern und eine nachhaltige Entnahme und Bereitstellung von Süßwasser gewährleisten, um der Wasserknappheit zu beweg-*

nen und die Zahl der unter Wasserknappheit leidenden Menschen erheblich zu verringern.[15]

Ziel 15 schließlich ist der Schutz der Ökosysteme: Land, Süßwasser, Wälder mit zahlreichen Unterzielen.

15. Landökosysteme schützen, wiederherstellen und ihre nachhaltige Nutzung fördern, Wälder nachhaltig bewirtschaften, Wüstenbildung bekämpfen, Bodendegradation beenden und umkehren und dem Verlust der biologischen Vielfalt ein Ende setzen;

15.1 bis 2020 im Einklang mit den Verpflichtungen aus internationalen Übereinkünften die Erhaltung, Wiederherstellung und nachhaltige Nutzung der Land- und Binnensüßwasser-Ökosysteme und ihrer Dienstleistungen, insbesondere der Wälder, der Feuchtgebiete, der Berge und der Trockengebiete, gewährleisten;

15.2 bis 2020 die nachhaltige Bewirtschaftung aller Waldarten fördern, die Entwaldung beenden, geschädigte Wälder wiederherstellen und die Aufforstung und Wiederaufforstung weltweit beträchtlich erhöhen;

15.3 bis 2030 die Wüstenbildung bekämpfen, die geschädigten Flächen und Böden einschließlich der von Wüstenbildung, Dürre und Überschwemmungen betroffenen Flächen sanieren und eine bodendegradationsneutrale Welt anstreben;

15.4 bis 2030 die Erhaltung der Bergökosysteme einschließlich ihrer biologischen Vielfalt sicherstellen, um ihre Fähigkeit zur Erbringung wesentlichen Nutzens für die nachhaltige Entwicklung zu stärken;

15.5 umgehende und bedeutende Maßnahmen ergreifen, um die Verschlechterung der natürlichen Lebensräume zu verringern, dem

Verlust der biologischen Vielfalt ein Ende zu setzen und bis 2020 die bedrohten Arten zu schützen und ihr Aussterben zu verhindern;

15.6 *die ausgewogene und gerechte Aufteilung der sich aus der Nutzung der genetischen Ressourcen ergebenden Vorteile und den angemessenen Zugang zu diesen Ressourcen fördern, wie auf internationaler Ebene vereinbart;*

15.7 *dringend Maßnahmen ergreifen, um der Wilderei und dem Handel mit geschützten Pflanzen- und Tierarten ein Ende zu setzen und dem Problem des Angebots illegaler Produkte aus wildlebenden Pflanzen und Tieren und der Nachfrage danach zu begegnen;*

15.8 *bis 2020 Maßnahmen einführen, um das Einbringen invasiver gebietsfremder Arten zu verhindern, ihre Auswirkungen auf die Land- und Wasserökosysteme deutlich zu reduzieren und die prioritären Arten zu kontrollieren oder zu beseitigen;*

15.9 *bis 2020 Ökosystem- und Biodiversitätswerte in die nationalen und lokalen Planungen, Entwicklungsprozesse, Armutsbekämpfungsstrategien und Gesamtrechnungssysteme einbeziehen;*

15.a *finanzielle Mittel aus allen Quellen für die Erhaltung und nachhaltige Nutzung der biologischen Vielfalt und der Ökosysteme aufbringen und deutlich erhöhen;*

15.b *erhebliche Mittel aus allen Quellen und auf allen Ebenen für die Finanzierung einer nachhaltigen Bewirtschaftung der Wälder aufbringen und den Entwicklungsländern geeignete Anreize für den vermehrten Einsatz dieser Bewirtschaftungsform bieten, namentlich zum Zweck der Walderhaltung und Wiederaufforstung;*

15.c die weltweite Unterstützung von Maßnahmen zur Bekämpfung der Wilderei und des Handels mit geschützten Arten verstärken, unter anderem durch die Stärkung der Fähigkeit lokaler Gemeinwesen, Möglichkeiten einer nachhaltigen Existenzsicherung zu nutzen.[16]

Wir haben nun vier zentrale Umweltziele und zwei weitere teilweise Umweltziele als Teil der 17 Sustainable Development Goals besprochen. Darüberhinaus gibt es noch weitere Umweltziele, die sich in den einzelnen Unterzielen der 17 SDGs finden.

Kommen wir jetzt zur praktischen Umsetzung dieser Ziele:

Denn schon bei den zentralen Zielen stellt sich für den Investor eine Frage: Wie kann ich als Investor über die bunte Propaganda jedes Unternehmens hinaus feststellen, ob ein Unternehmen mit seiner Tätigkeit eines oder mehrere dieser Ziele unterstützt? In den Jahresberichten des Unternehmens, der Bilanz, der Gewinn- und Verlustrechnung und der Cash-Flow-Rechnung finde ich vielleicht in den Anmerkungen Hinweise auf solche Aktivitäten, aber Sicherheit und Klarheit gibt mir das als Investor nicht. Um diese Frage zu beantworten, begeben wir uns auf das Gebiet der nicht finanziellen Berichterstattung, des sogenannten non-financial reporting.

Die Umsetzung in den Unternehmen: TCFD und GRI

In diesem Bereich hat vor allem eine private Initiative Standards entwickelt, die breite Akzeptanz gefunden haben: die Global Reporting Initiative (GRI). Dazu eine Initiative der globalen Finanzaufsicht, die Task Force on Climate-Related Financial Disclosures (TCFD).

Die **Global Reporting Initiative** liefert eine tiefgestaffelte Reihe von Anleitungen, nach denen sich Unternehmen bei ihrer nicht-finanziellen Berichterstattung richten können. Sie enthalten zum einen zwingende Angaben: Nur wenn das Unternehmen die zwingenden Angaben umsetzt, darf es sagen, dass ihr nicht-finanzieller Bericht nach GRI-Standards erstellt worden ist. Zum anderen enthalten die Anleitungen auch Standards und Strukturen für nicht-zwingende Angaben.

Nehmen wir als Beispiel den Bereich „Wasser und Abwasser". Dieser ist Teil der Umweltziele, die in der Reihe 300 der GRI-Standards abgedeckt werden. Wasser und Abwasser sind geregelt im GRI-Standard 303.

Die Anleitung für die Unternehmen enthält dann weitere detaillierte Unterkapitel:[17]

GRI-Standard 303:

In diesem Standard sind Angaben zum Managementansatz sowie themenspezifische Angaben enthalten. Diese sind im Standard, wie folgt, angeordnet:

- *Angaben zum Managementansatz*
- *Angabe 303-1 Wasser als gemeinsam genutzte Ressource*
- *Angabe 303-2 Umgang mit den Auswirkungen der Wasserrückführung*
- *Themenspezifische Angaben*
- *Angabe 303-3 Wasserentnahme*
- *Angabe 303-4 Wasserrückführung*
- *Angabe 303-5 Wasserverbrauch*

Unternehmen, die dem GRI-Standard folgen, können dann ihre Berichterstattung nach diesen Richtlinien erstellen. Als Beispiel die Berichterstattung eines österreichischen börsennotierten Unternehmens:[18]

Wasserinput und -output

Die Wasserentnahmen an den Verbund-Standorten waren im Jahr 2018 im Vergleich zum Vorjahr um 17% geringer. Etwa 94% der Gesamtwassermenge wurde als Kühlwasser in den Verbund-Wärmekraftwerken verwendet. Dieser Anteil wird aus Oberflächengewässern entnommen und chemisch unverändert wieder dorthin abgegeben.

GRI 303-1
GRI 303-1 EU-ADD
GRI 306-1

SDG 6

Details zu den weiteren Wasserabgaben aus thermischen Kraftwerken – wie angewandte Behandlungsverfahren und die Wasserqualität inklusive der Betrachtung der einzuhaltenden Grenzwerte – werden in der jährlichen Umwelterklärung veröffentlicht.

Kennzahlen Wasserinput und -output				
	Einheit	*2016*	*2017*	*2018*
Wasserentnahmen nach Quellen gesamt	*1.000 m³*	*153.822*	*211.374*	*173.934*
aus Oberflächengewässern	*1.000 m³*	*143.423*	*201.973*	*164.261*
aus Grund- und Brunnenwasser	*1.000 m³*	*10.294*	*9.299*	*9.556*
aus öffentlicher Wasserversorgung	*1.000 m³*	*106*	*102*	*118*
Wasserabgabe gesamt	*1.000 m³*	*153.822*	*211.374*	*173.934*
Abgabe von Kühlwasser aus Wärmekraftwerken in Oberflächengewässer	*1.000 m³*	*141.645*	*200.331*	*162.697*
sonstige Wasserabgaben	*1.000 m³*	*12.177*	*11.043*	*11.237*

Im vorherigen Bericht finden wir auch einen Verweis auf das relevante Ziel aus den 17 Sustainable Development Goals, den SDGs. Ziel 6 der SDGs ist das Sustainable Goal, das Süßwasser betrifft, daher wird es hier auch angemerkt.

Weiter unten, in Kapitel 2, werden wir die Konkordanz zwischen GRI und SDGs besprechen: Wie kann ein Unternehmen über die 17 Nachhaltigkeitsziele berichten und dabei die globalen nicht-finanziellen Berichterstattungsstandards des GRI einhalten.

Die GRI-Standards ermöglichen daher eine standardisierte Berichterstattung über alle SDGs. Zum Ziel 14 der SDGs, dem Klimaschutz, gibt es den GRI-Standard 305 – Emissionen.

Speziell in diesem einem Bereich, dem Klimawandel, hat auch eine Institution, die von den globalen Finanzinstitutionen ins Leben gerufen wurde, Standards entwickelt. Die **Task Force on Climate Related Financial Disclosures** (TCFD) wurde vom Financial Stability Board, einer Gruppe der wichtigsten Zentralbanken und Aufsichtsbehörden, im Rahmen der Bank für Internationalen Zahlungsausgleich in Basel ins Leben gerufen und hat – speziell für die Berichterstattung von Unternehmen über Risken und Aktivitäten im Bereich des Klimawandels – Standards entwickelt. Während die GRI-Standards sehr spezifisch sind, sind die TCFD-Standards[19] eher allgemeiner Natur. Sie haben allerdings, ähnlich wie allgemeine Prinzipien der finanziellen Berichterstattung, großen Einfluss.

Principles for Effective Disclosures[20]	
1	Disclosures should represent relevant information
2	Disclosures should be specific and complete
3	Disclosures should be clear, balanced, and understandable
4	Disclosures should be consistent over time
5	Disclosures should be comparable among companies within a sector, industry, or portfolio
6	Disclosures should be reliable, verifiable, and objective
7	Disclosures should be provided on a timely basis

Darüber hinaus gibt es, neben den TCFD Recommendations und den GRI-Standards, eine starke Proliferation von Berichtsstandards. Der TCFD-Report selbst enthält eine siebenseitige Tabelle mit Standards die von Regierungsstellen, Börsen oder privaten Vereinigungen für die nicht-finanzielle Berichterstattung herausgegeben wurden.[21] Zahlreiche Bemühungen dieser verschiedenen Gruppen zur Harmonisierung der Standards sind im Gang.

Anhand der Unternehmensberichte nach GRI- und TCFD-Standards, oder aber auch nach vielen anderen in Gebrauch befindlichen Standards, kann man daher jetzt schon die Aktivität von Unternehmen – sofern sie die Standards befolgen – in Umweltfragen nachverfolgen. Zentral ist diese Information natürlich für Fondsmanager. Aber – obwohl das nicht unser Thema ist – sofern Sie als Investor oder Berater auch über Einzelaktien nachdenken wollen, finden Sie in den nicht-finanziellen Berichten der Unternehmen wichtige Angaben.

Die non-financial reporting directive

Non

Diplomatie ist eine heikle Kunst. Ein amerikanischer Diplomat hat bei der Pariser Klimakonferenz dazu Daniele Varé zitiert. In Abwandlung der beiden englischen Redensarten „To have it your way", also seine eigene Meinung durchzusetzen und „To let someone else have his way" also nachzugeben, hat er formuliert: „Diplomacy is the art of letting someone else have it your way."

Zu dieser Kunst gehört auch die Fähigkeit, manchmal Positionen so vorsichtig zu formulieren, dass sie jederzeit wieder geändert werden können und sich der andere nicht gleich auf eine Gegen-

position festlegen muss. So entstand die Form des „Non-papers": Ein Non-paper ist eine inoffizielle Kommunikation, die nur dem Ideenaustausch gilt und daher keine offizielle Stellungnahme ist. Sie erfordert demnach keine Gegen-Stellungnahme, die als Konsequenz die Diskussion einzementieren würde.

Im Bemühen der EU, eine einheitliche Berichterstattung zu Umweltthemen herzustellen, wurden als Instrument auch Richtlinien erstellt, die zwar nicht zwingend sind, aber einen einheitlichen Standard fördern sollen, die non-binding guidelines. Auch diese waren aber heftig umstritten und führten zu komplizierten Verhandlungen mit rasch wechselnden Positionen.

Und so verzeichnet die Agenda einer Sitzung der ständigen Vertreter bei der EU, des COREPER vom Sommer 2017 als Unterlage das erheiternde „non-paper to the non-binding guidelines to the non-financial Reporting Directive (2014/95 (EU))".

Für Nicht-Juristen sind die zahlreichen „non-binding Non-Papers" erheiternd, sie zeigen aber, wie stark umstritten die Berichterstattung zu diesen Zielen ist. In Deutschland und Österreich ist diese Berichterstattung über nicht finanzielle Indikatoren auch auf Basis einer EU-Richtlinie für große Unternehmen gesetzlich vorgeschrieben.

Die Non-Financial Reporting Directive der EU[22] aus 2014 betrifft alle europäischen Unternehmen ab 500 Mitarbeitern. Diese Unternehmen müssen jährlich schon einen Geschäftsbericht erstellen. Zusätzlich müssen Sie auf Basis der Richtlinie, entweder separat oder integriert in den Geschäftsbericht, einen Bericht über die Nachhaltigkeit ihrer Aktivitäten erstellen. In Deutschland ist diese Verpflichtung im Bundesgesetz zur Umsetzung der EU-Richtlinie zur nichtfinanziellen Berichterstattung ab 1.1.2016 in Kraft. In Österreich wurde die Verpflichtung im (unter Wirtschaftsprüfern nur unter seinem Kürzel „NaDiVeg" bekannten) „Bundesgesetz, mit dem zur Verbesserung der Nachhaltigkeits- und Diversitätsberichterstattung das Unternehmensgesetzbuch, das Aktiengesetz und das GmbH-Gesetz geändert werden (Nachhaltigkeits- und Diversitätsverbesserungsgesetz)" umgesetzt worden.

Die Verpflichtung zur Berichterstattung umfaßt die allgemein üblichen ESG Bereiche Environment, Social und Governance. Dabei werden die Governance-Themen mit „Arbeitnehmerbelangen, Achtung der Menschenrechte, Bekämpfung von Korruption und Bestechung" beschrieben. Für große Unternehmen enthält das Governance-Thema auch die Diversität in den Führungsetagen:[23]

Die konsolidierte nichtfinanzielle Erklärung hat diejenigen Angaben zu enthalten, die für das Verständnis des Geschäftsverlaufs, des Geschäftsergebnisses, der Lage des Konzerns sowie der Auswirkungen seiner Tätigkeit erforderlich sind und sich mindestens auf Umwelt-, Sozial- und Arbeitnehmerbelange, auf die Achtung der Menschenrechte und auf die Bekämpfung von Korruption und Bestechung beziehen.

2a. soweit es sich auch ohne Anwendung des § 221 Abs. 3 zweiter Satz um eine große Aktiengesellschaft handelt, eine Beschreibung des Diversitätskonzepts, das im Zusammenhang mit der Besetzung des Vorstands und des Aufsichtsrats der Gesellschaft in Bezug auf Aspekte wie Alter, Geschlecht, Bildungs- und Berufshintergrund verfolgt wird, der Ziele dieses Diversitätskonzepts sowie der Art und Weise der Umsetzung dieses Konzepts und der Ergebnisse im Berichtszeitraum; wird kein derartiges Konzept angewendet, so ist dies zu begründen;

Damit ist für große österreichische und deutsche Unternehmen sichergestellt, dass Informationen über E-, S- und G-Themen jährlich veröffentlicht werden.

Allerdings ist die Verpflichtung sehr allgemein gehalten. Wenn die Unternehmen diese Information standardisiert strukturieren und in der Tiefe darstellen wollen, können Sie einen der oben angeführten Standards wie die GRI verwenden. Dazu gibt es auch von der EU erstellte Richtlinien, die Leitlinien für die Berichterstattung über nichtfinanzielle Informationen.[24] Diese Richtlinien sind nicht zwingend und auch nicht so tief gegliedert wie die GRI, enthalten aber Grundsätze, klare Richtlinien und zahlreiche praktische Beispiele, wie sie in der Berichterstattung umzusetzen sind und enthalten dafür Verweise auf Richtlinien (wie die GRI-Richtlinien), die eine tiefergehende Darstellung ermöglichen.

Mitte 2019 wurden eigene Leitlinien für die Berichterstattung zum Klimawandel publiziert.[25] Dabei ist die wichtigste Neuerung, dass die Empfehlungen der Kommission im Bereich der Treibhausgasemissionen vorsehen, nicht nur Scope 1 (also die eigenen Emissionen des Unternehmens), sondern auch Scope 2 (also die bei der Erzeugung der benötigten Energie anfallenden THG-Emissionen) sowie Scope 3 (also alle anderen in der Wertschöpfungskette vor- oder nachgelagerten Emissionen) zu berichten.

Leitlinien für die Berichterstatung über nichtfinanzielle Informationen: Nachtrag zur klimabezogenen Berichterstattung (2019/C 209/01)[26]

Treibhausgasemissionen

Dieser Abschnitt umfasst vier unterschiedliche Indikatoren zu Treibhausgasemissionen: direkte Treibhausgasemissionen; indirekte Treibhausgasemissionen aus der Erzeugung von bezogenem und verbrauchtem Strom und Dampf bzw. bezogener und verbrauchter Wärme oder

Kälte; alle anderen indirekten Treibhausgasemissionen, die in der Wertschöpfungskette des berichtenden Unternehmens auftreten, und die Zielvorgabe für absolute Treibhausgasemissionen. Unternehmen, die sich für die Verwendung einiger oder aller dieser Indikatoren entscheiden, sollten:

- *Ihre Treibhausgasemissionen nach der Methodik des THG-Protokolls oder der Norm ISO 14064-1: 2018 und gegebenenfalls der Empfehlung 2013/179/EU der Kommission für gemeinsame Methoden zur Messung der THG-Leistung nach einem Lebenszyklusansatz (Umweltfußabdruck von Organisationen und Umweltfußabdruck von Produkten) berechnen. Dies lässt die Aggregation und Vergleichbarkeit zwischen Unternehmen und Rechtsordnungen zu;*

- *den Status der Verifizierung/Garantie durch Dritte angeben, der auf ihre gemeldeten Treibhausgasemissionen der Klassen Scope 1, Scope 2 und Scope 3 zutrifft.*

[…]

Weitere Hinweise: – Als Scope-3-Emissionen sind Emissionen aus Tätigkeiten auszuweisen, die „nachgelagert" (downstream) oder „vorgelagert" (upstream) zum eigenen Geschäftsbetrieb des Unternehmens stattfinden. – Die Unternehmen sollten keine Tätigkeiten ausschließen, die die Relevanz des gemeldeten Verzeichnisses von Scope-3-Treibhausgasemissionen beeinträchtigen würden. Der Rechnungslegungs- und Berichterstattungsstandard des THG-Protokolls für die Wertschöpfungskette von Unternehmen (Scope 3) (GHG Protocol Corporate Value Chain (Scope 3) Accounting and Reporting Standard) und Anhang H der Norm ISO 14064-1:2018 enthalten Kriterien für die Bestimmung der Relevanz. Die Unternehmen sollten gegebenenfalls die Kategorien erläutern, die sie aus ihren Angaben zu Scope-3-Treib-

hausgasemissionen ausgeschlossen haben. Sind KMU Teil der Wertschöpfungskette, so wird den Unternehmen empfohlen, sie bei der Bereitstellung der erforderlichen Informationen zu unterstützen.

Wichtigste Leistungs-indikatoren	Maßeinheit	Beispiel
Zielvorgabe für absolute Treibhausgas-emissionen	Erreichte Tonnen CO_2-Äq oder Verringerung in % gegenüber dem Vergleichsjahr	20% Reduzierung absoluter Emissionen, entspricht einer Reduzierung um 1 500 000t CO_2-Äq bis 2025 gegenüber dem Vergleichsjahr 2018
Begründung	**Angleichung an andere Rahmenwerke für die Berichterstattung**	**Bezug zur EU-Politik**
Durch das Festlegen von Zielvorgaben erhält eine Umweltstrategie Richtung und Struktur. Dieser Leistungs-indikator hilft, die Emissionssenkungs-verpflichtungen des Unternehmens zu verstehen und nach-zuvollziehen, ob das Unternehmen ein Ziel hat, zu dessen Errei-chung es seine emissionsbezogenen Anstrengungen harmo-nisiert und konzentriert.	TCFD-Kennzahlen und -Ziele, CDP-Fragebogen zum Klimawandel, GIR 103-2 und GRI 305, CDSB-Rahmen, SASB, EMAS	Klima- und energiepolitischer Rahmen bis 2030

Diese Berichte decken dann – für den Umweltbereich – idealerweise alle das Unternehmen betreffenden Umweltziele der SDGs ab: Ziel 11: Kreislaufwirtschaft, Ziel 12: Klimawandel, Ziel 13: Meere, Ziel 14:

Landökosysteme und teilweise Ziel 6: Süßwasser und Ziel 11: Nachhaltige Städte sowie sonstige Subziele aus dem Umweltbereich.

Wir haben uns allerdings derzeit nur mit den Umweltzielen, die in den SDGs kodifiziert sind, beschäftigt. Wie sieht die EU diese Liste der Umweltziele?

Die Umweltziele der Europäischen Union

Die Europäische Union unterstützt die Erreichung der 17 SDGs, der in der Agenda 2030 festgelegten Nachhaltigkeitsziele. So gut wie alle EU-Dokumente zur Nachhaltigkeit bis hin zum aktuellen EU Green Deal beziehen sich auf die SDGs.

Allerdings hat die EU im Umweltbereich eigene Ziele definiert. In der (zum Zeitpunkt dieses Buches noch nicht endgültig veröffentlichten) Rahmenverordnung zur Nachhaltigkeit gibt es eine eigene Liste von sechs Umweltzielen:

Artikel 5: Umweltziele[27]

Für die Zwecke dieser Verordnung gilt Folgendes als Umweltziel:

1 *Klimaschutz;*
2 *Anpassung an den Klimawandel;*
3 *nachhaltige Nutzung und Schutz von Wasser- und Meeresressourcen;*
4 *Übergang zu einer Kreislaufwirtschaft, Abfallvermeidung und Recycling;*
5 *Vermeidung und Verminderung der Umweltverschmutzung;*
6 *Schutz gesunder Ökosysteme.*

Die Umweltziele der EU entsprechen damit weitgehen den oben genannten Umweltzielen der nachhaltigen Entwicklungsziele der Agenda 2030: Ziel 12, 13, 14 und 15 sowie teilweise Ziel 6:

EU-Umweltziel	Nachhaltigkeitsziel (SDG) der Agenda 2030
Ziel 1 – Klimaschutz	Ziel 13 – Umgehend Maßnahmen zur Bekämpfung des Klimawandels und seiner Auswirkungen ergreifen
Ziel 2 – Anpassung an den Klimawandel	
Ziel 3 – nachhaltige Nutzung und Schutz von Wasser- und Meeresressourcen	Ziel 14 – Ozeane, Meere und Meeresressourcen im Sinne nachhaltiger Entwicklung erhalten und nachhaltig nutzen außerdem Teilziele von Ziel 6 – Verfügbarkeit und nachhaltige Bewirtschaftung von Wasser und Sanitärversorgung für alle gewährleisten
Ziel 4 – Übergang zu einer Kreislaufwirtschaft	Ziel 12 – Nachhaltige Konsum- und Produktionsmuster sicherstellen
Ziel 5 – Vermeidung und Verminderung der Umweltverschmutzung	Teilziele von Ziel 12 – (Kreislaufwirtschaft) und Ziel 14 – (Meere)
Ziel 6 – Schutz gesunder Ökosysteme	Ziel 6 – (Sauberes Wasser und Sanitärversorgung), Ziel 14 – (Leben unter Wasser) und Ziel 15 – Landökosysteme schützen, wiederherstellen und ihre nachhaltige Nutzung fördern, Wälder nachhaltig bewirtschaften, Wüstenbildung bekämpfen, Bodendegradation beenden und umkehren und dem Verlust der biologischen Vielfalt ein Ende setzen

Die Ziele sind allerdings nicht identisch. Dies rührt insbesondere daher, dass der Zweck der Listen unterschiedlich ist: Die SDGs setzen

Ziele für ein politisches Handeln von Staaten; die Umweltziele der EU sind Ziele, die Unternehmen anstreben müssen, damit ihre Aktivität als nachhaltig bezeichnet werden kann.

Das sieht man auch deutlich an der detaillierten Ausführung des EU-Umweltzielkatalogs. Denn die EU definiert als „nachhaltige Aktivitäten" im Umweltbereich jene **Aktivitäten, die einen wesentlichen Beitrag** zur **Erreichung eines der Umweltziele** liefern. Zu jedem dieser Ziele gibt es daher eine Liste. So zum Beispiel für Ziel 1 Klimaschutz:

Artikel 6: Wesentlicher Beitrag zum Klimaschutz[28]

(1) Eine Wirtschaftstätigkeit leistet einen wesentlichen Beitrag zum Klimaschutz, wenn sie wesentlich dazu beiträgt, die Treibhausgaskonzentrationen in der Atmosphäre auf einem Niveau zu stabilisieren, auf dem eine gefährliche anthropogene Störung des Klimasystems verhindert wird, indem auf einem der folgenden Wege, einschließlich durch Prozess- oder Produktinnovationen, Treibhausgasemissionen vermieden oder verringert werden oder der Abbau von Treibhausgasen verstärkt wird:

a) Erzeugung, Speicherung oder Nutzung erneuerbarer Energien oder klimaneutraler Energien (einschließlich kohlenstoffneutraler Energie), unter anderem durch den Einsatz innovativer Technologien mit Potenzial für erhebliche zukünftige Einsparungen oder durch einen notwendigen Netzausbau;

b) Steigerung der Energieeffizienz;

c) Ausbau sauberer oder klimaneutraler Mobilität;

d) Umstellung auf erneuerbare Materialien;

e) verstärkte Nutzung von Kohlenstoffabscheidung und -speicherung;

f) schrittweise Einstellung anthropogener Emissionen von Treibhausgasen, auch aus fossilen Brennstoffen;

g) Einrichtung der für die Dekarbonisierung der Energiesysteme erforderlichen Energieinfrastruktur;

h) Erzeugung sauberer und effizienter Kraftstoffe aus erneuerbaren oder kohlenstoffneutralen Quellen.

Damit ist aus Sicht der EU klargestellt, welche Aktivitäten „nachhaltig" sind, und damit auch, in welche Aktivitäten investiert werden muss, damit eine Investition als nachhaltig für den Umweltbereich gilt.

Technische Kriterien: die Taxonomie

Genügt diese Liste, um Aktivitäten aus Umweltsicht eindeutig als „nachhaltig" oder „nicht nachhaltig" zu klassifizieren? Nein, denn Begriffe wie zum Beispiel „Steigerung der Energieeffizienz" in Art. 6 (1) b) lassen natürlich einen enormen Spielraum zu.

Um eindeutige Klarheit zu schaffen, hat die EU beschlossen, von Expertenkommissionen technische Kriterien entwickeln zu lassen. Diese sollen für jede wirtschaftliche Aktivität festlegen, ob sie zu einem der Umweltziele beitragen kann und, falls ja, welchen genauen Maßzahlen die Aktivität entsprechen muss, um als nachhaltig zu gelten.

Der erste technische Bericht der Expertenkommission wurde nach zahlreichen Kommentaren und Überarbeitungen in einer endgültigen Fassung im März 2020 veröffentlicht und betrifft die ersten beiden Umweltziele, Klimaschutz und Anpassung an den Klimawandel. Der Bericht listet alle ökonomischen Aktivitäten, die für

Umweltziele infrage kommen, geordnet nach dem Klassifikationssystem der EU (den NACE Codes) auf. Für jede Aktivität werden technische Kriterien festgelegt, denen eine Aktivität entsprechen muss, damit sie einen „wesentlichen Beitrag" zu einem Umweltziel leistet.

So zum Beispiel für den öffentlichen Verkehr in der Stadt:[29]

Sector classification and activity	
Macro-Sector	H – Transport and storage
NACE Level	4
Code	H49.3.1
Description	Urban and suburban passenger land transport (public transport)
Mitigation criteria	
Principle	Demonstrate substantial GHG emission reduction
Metric	CO_2e emissions per passenger-kilometer (gCO_2e/pkm)
Threshold	Zero direct emissions land transport activities (e.g. light rail transit, metro, tram, trolleybus, bus and rail) are eligible. Other fleets are eligible if direct emissions are below 50gCO_2e/pkm until 2025 (non-eligible thereafter)

Die Taxonomie definiert auf diese Art genaue technische Kriterien für Hunderte von Aktivitäten, die – wenn sie erfüllt werden – eine Aktivität als nachhaltig klassifizieren. Ebenso enthält die Taxonomie Kriterien dafür, wann eine Aktivität, die im Prinzip als nachhaltig gelten könnte, ein anderes Umweltziel dermaßen beeinträchtigt, dass sie nicht mehr als nachhaltig gelten kann. Mehr dazu weiter im Kapitel 2.

Zusammenfassung – Umweltziele

Damit ist nun ausreichend definiert, was in der ESG-Klassifizierung als Umweltziel gelten kann.

Es gibt zum einen als Definition die **Umweltziele in den 17 Nachhaltigkeitszielen der Agenda 2030** (die SDGs). Dabei sind insbesondere die Ziele 12 (nachhaltige Konsum- und Produktionsmuster), 13 (Maßnahmen zum Klimaschutz), 14 (Leben unter Wasser) und 15 (Leben an Land) klare Umweltziele. Teilziele anderer Punkte, wie insbesondere Teilziele von Ziel 6 (Sauberes Wasser und Sanitärversorgung) und Ziel 11 (Nachhaltige Städte und Gemeinden) noch Umweltziele darstellen.

Maßgeblich für Österreich und Deutschland sind die **Umweltziele der Rahmenverordnung der EU,** die ihrerseits durch Listen von Aktivitäten ergänzt werden, die maßgeblich zur Erreichung dieser Ziele beitragen, und technische Kriterien, die diese Aktivitäten messbar machen. Auch wenn die EU Ziele den SDGs weitgehend ähnlich sind, sind sie nicht identisch, und die Tatsache, dass eine Aktivität eines der SDGs oder ein Subziel unterstützt, heißt nicht, dass sie nachhaltig im Sinne der EU-Regeln ist.

Damit ist für Sie als Berater oder Investor klargestellt, was nachhaltig Investieren im Umweltbereich heißt. Wie steht es mit dem zweiten Kriterium, S für Social, also den sozialen Zielen?

S für Social

Das „Social"-Kriterium ist mit den Umweltfragen insofern verwandt, als es auch um die Beziehungen des Unternehmens oder seiner Aktivitäten zur Umwelt geht. Social deckt allerdings nicht die natürliche Umwelt, sondern die soziale Umwelt ab: vom engsten Kreis der Mitarbeiter des Unternehmens über das weitere gesellschaftliche Umfeld, in dem das Unternehmen seine Aktivitäten entfaltet, bis hin zu den Behörden und Regierungen.

Auch für die Sozialziele sind als erste Referenz die Nachhaltigkeitsziele der Agenda 2030 maßgeblich. Genauso wie im Umweltbereich geben sie den Konsens der globalen Gemeinschaft, vertreten durch alle Mitgliedsstaaten der UN, darüber wieder, welche sozialen Ziele die Welt anstreben sollte.

Die Sozialziele in den 17 SDGs

Die Bedeutung der Sozialziele für die Agenda 2030 wird schon aus ihrer Stellung an der Spitze der Ziele klar. Als Sozialziele im engeren Sinne lassen sich die Ziele 1–10 sowie teilweise Ziel 11 nennen:[30]

Ziel 1: Armut in allen ihren Formen und überall beenden;

Ziel 2: den Hunger beenden, Ernährungssicherheit und eine bessere Ernährung erreichen und eine nachhaltige Landwirtschaft fördern;

Ziel 3: ein gesundes Leben für alle Menschen jeden Alters gewährleisten und ihr Wohlergehen fördern;

Ziel 4: inklusive, gleichberechtigte und hochwertige Bildung gewährleisten und Möglichkeiten lebenslangen Lernens für alle fördern;

Ziel 5: Geschlechtergleichstellung erreichen und alle Frauen und Mädchen zur Selbstbestimmung befähigen;

Ziel 6: Verfügbarkeit und nachhaltige Bewirtschaftung von Wasser und Sanitärversorgung für alle gewährleisten;

Ziel 7: Zugang zu bezahlbarer, verlässlicher, nachhaltiger und moderner Energie für alle sichern;

Ziel 8: dauerhaftes, breitenwirksames und nachhaltiges Wirtschaftswachstum, produktive Vollbeschäftigung und menschenwürdige Arbeit für alle fördern;

Ziel 9: eine widerstandsfähige Infrastruktur aufbauen, breitenwirksame und nachhaltige Industrialisierung fördern und Innovationen unterstützen;

Ziel 10: Ungleichheit innerhalb von und zwischen Staaten verringern;

Ziel 11: Städte und Siedlungen inklusiv, sicher, widerstandsfähig und nachhaltig machen.

Wie auch bei den Umweltzielen gibt es zu jedem Ziel eine zum Teil umfangreiche Liste von Subzielen. So zum Beispiel zu Ziel 3 (Gesundheit und Wohlergehen):[31]

Ziel 3: ein gesundes Leben für alle Menschen jeden Alters gewährleisten und ihr Wohlergehen fördern;

3.1 bis 2030 die weltweite Müttersterblichkeit auf unter 70 je 100.000 Lebendgeburten senken;

3.2 bis 2030 den vermeidbaren Todesfällen bei Neugeborenen und Kindern unter fünf Jahren ein Ende setzen, mit dem von allen Ländern zu verfolgenden Ziel, die Sterblichkeit bei Neugeborenen mindestens auf 12 je 1000 Lebendgeburten und bei Kindern unter fünf Jahren mindestens auf 25 je 1000 Lebendgeburten zu senken;

3.3 *bis 2030 die Aids-, Tuberkulose- und Malariaepidemien und die vernachlässigten Tropenkrankheiten beseitigen und Hepatitis, durch Wasser übertragene Krankheiten und andere übertragbare Krankheiten bekämpfen;*

3.4 *bis 2030 die Frühsterblichkeit aufgrund von nichtübertragbaren Krankheiten durch Prävention und Behandlung um ein Drittel senken und die psychische Gesundheit und das Wohlergehen fördern;*

3.5 *die Prävention und Behandlung des Substanzmissbrauchs, namentlich des Suchtstoffmissbrauchs und des schädlichen Gebrauchs von Alkohol, verstärken;*

3.6 *bis 2020 die Zahl der Todesfälle und Verletzungen infolge von Verkehrsunfällen weltweit halbieren;*

3.7 *bis 2030 den allgemeinen Zugang zu sexual- und reproduktionsmedizinischer Versorgung, einschließlich Familienplanung, Information und Aufklärung, und die Einbeziehung der reproduktiven Gesundheit in nationale Strategien und Programme gewährleisten;*

3.8 *die allgemeine Gesundheitsversorgung, einschließlich der Absicherung gegen finanzielle Risiken, den Zugang zu hochwertigen grundlegenden Gesundheitsdiensten und den Zugang zu sicheren, wirksamen, hochwertigen und bezahlbaren unentbehrlichen Arzneimitteln und Impfstoffen für alle;*

3.9 *bis 2030 die Zahl der Todesfälle und Erkrankungen aufgrund gefährlicher Chemikalien und der Verschmutzung und Verunreinigung von Luft, Wasser und Boden erheblich verringern;*

3.a *die Durchführung des Rahmenübereinkommens der Weltgesundheitsorganisation zur Eindämmung des Tabakgebrauchs in allen Ländern in geeigneter Weise stärken;*

3.b *Forschung und Entwicklung zu Impfstoffen und Medikamenten für übertragbare und nichtübertragbare Krankheiten, von denen hauptsächlich Entwicklungsländer betroffen sind, unterstützen, den Zugang zu bezahlbaren unentbehrlichen Arzneimitteln und Impfstoffen gewährleisten, im Einklang mit der Erklärung von Doha über das TRIPS-Übereinkommen und die öffentliche Gesundheit, die das Recht der Entwicklungsländer bekräftigt, die Bestimmungen in dem Übereinkommen über handelsbezogene Aspekte der Rechte des geistigen Eigentums über Flexibilitäten zum Schutz der öffentlichen Gesundheit voll auszuschöpfen, und insbesondere den Zugang zu Medikamenten für alle zu gewährleisten;*

3.c *die Gesundheitsfinanzierung und die Rekrutierung, Aus- und Weiterbildung und Bindung von Gesundheitsfachkräften in den Entwicklungsländern und insbesondere in den am wenigsten entwickelten Ländern und den kleinen Inselentwicklungsländern deutlich erhöhen;*

3.d *die Kapazitäten aller Länder, insbesondere der Entwicklungsländer, in den Bereichen Frühwarnung, Risikominderung und Management nationaler und globaler Gesundheitsrisiken stärken.*

Damit zeigt sich auch sofort die Problematik der sozialen Ziele der Agenda 2030 für unsere Zwecke. Denn extrem viele wirtschaftliche Tätigkeiten sind hilfreich und teilweise unerlässlich für die

Erreichung der in den Zielen 1–11 genannten Nachhaltigkeitsziele. Ohne wirtschaftliche Tätigkeit gibt es kein Einkommen und daher keine Armutsbekämpfung; ohne Landwirtschaft und ohne Lebensmittelproduktion ist die Bekämpfung des Hungers nicht möglich. Allein unter Subziel 3.8. „Zugang zu sicheren, wirksamen, hochwertigen und bezahlbaren unentbehrlichen Arzneimitteln und Impfstoffen für alle" könnte man weite Teile der gesamten Pharmaindustrie als „nachhaltig" klassifizieren.

In einer extremen Interpretation könnte damit jede Art der wirtschaftlichen Aktivität dazu beitragen, die Armut weltweit zu verringern, indem sie Menschen Arbeit gibt und damit Ziel 1 unterstützen. So führt zum Beispiel ein globaler deutscher Konzern, der in den Bereichen Infrastruktur, Energie, Medizintechnik und urbaner Transport tätig ist, das Folgende als großen Einfluss zur Erreichung der sozialen Nachhaltigkeitsziele 3 (Gesundheit und Wohlergehen), 7 (bezahlbare und saubere Energie) und 9 (Industrie, Innovation und Infrastruktur) der Agenda 2030 an:[32]

Ziel 3 – Ein gesundes Leben für alle Menschen jeden Alters gewährleisten und ihr Wohlergehen fördern.

Wir nehmen Einfluss auf SDG 3 durch unser Geschäftsportfolio, sei es durch Siemens Healthineers, sei es über die Fertigungstechnologie, die wir pharmazeutischen Unternehmen bereitstellen. Wir leisten mit unserem Portfolio nicht nur einen spürbaren Beitrag, wir achten auch auf die Gesundheit und Sicherheit unserer Mitarbeiter und Auftragnehmer und führen Aktivitäten in Gemeinden zu Gesundheitsthemen durch wie etwa Sensibilisierungskampagnen für Krebserkrankungen und mobile Kliniken.

Ziel 7 – Zugang zu bezahlbarer, verlässlicher, nachhaltiger und zeitgemäßer Energie für alle sichern.

Mit unserem Geschäftsportfolio haben wir einen Einfluss auf SDG 7, da wir einer der größten Anbieter von Technologien entlang der gesamten Wertschöpfungskette der Elektrifizierung sind. Mit unseren Technologien helfen wir Kunden in den untschiedlichsten Branchen, verlässliche, saubere CO_2-arme Energie zur Verfügung zu stellen und die Energieeffizienz mit einem positiven Geschäftsszenario dauerhaft zu verbessern. Darüber hinaus streben wir eine unternehmensinterne Energieeffizienz an, vor allem über unser CO_2-Neutralitätsprogramm.

Ziel 9 – Eine belastbare Infrastruktur aufbauen, inklusive und nachhaltige Industrialisierung fördern und Innovationen unterstützen.

Als globales Industrieunternehmen und als Innovationsführer in den Bereichen Elektrifizierung, Automatisierung und Digitalisierung haben wir Einfluss auf SDG 9. Siemens unterstützt eine nachhaltige Industrialisierung und hilft seinen Gesprächspartnern durch Engineering, Branchen- und digitales Know-how entlang der gesamten Wertschöpfungskette, also von der Entwicklung über die Fertigung und den Betrieb bis hin zur Wartung. Ein Großteil unserer Kunden und Zulieferer sind kleine und mittelgroße Unternehmen (KMUs). Wir sind überzeugt, dass internationale Partnerschaften der Schlüssel zu Innovationen sind, die das verwirklichen, worauf es ankommt.

Wir werden daher in der Praxis eine weitaus engere Interpretation der sozialen Ziele sehen, um nicht jede wirtschaftliche Aktivität als „nachhaltig" im Sinne eines Armuts-, Hunger-, Gesundheits- oder sonstigen sozialen Nachhaltigkeitsziels der Agenda 2030 definieren zu müssen.

Eine restriktivere Interpretation scheint auch auf dem Markt Platz zu greifen: Die deutsche Bundesanstalt für Finanzdienstleistungsaufsicht, die BAFin, hat Anfang Januar 2020 ein Merkblatt über Nachhaltigkeitsrisken herausgegeben. In diesem werden soziale Aktivitäten, wie folgt, aufgelistet:[33]

Beispiele für ESG sind:

Social/Soziales

- *Einhaltung anerkannter arbeitsrechtlicher Standards 19 (keine Kinder- und Zwangsarbeit, keine Diskriminierung)*
- *Einhaltung der Arbeitssicherheit und des Gesundheitsschutzes*
- *Angemessene Entlohnung, faire Bedingungen am Arbeitsplatz*
- *Diversität sowie Aus- und Weiterbildungschancen*
- *Gewerkschafts- und Versammlungsfreiheit*
- *Gewährleistung einer ausreichenden Produktsicherheit, einschließlich Gesundheitsschutz*
- *Gleiche Anforderungen an Unternehmen in der Lieferkette*
- *Inklusive Projekte bzw. Rücksichtnahme auf die Belange von Gemeinden und sozialen Minderheiten*

Trotz einer solchen engeren Interpretation gibt es auch im Bereich der sozialen Nachhaltigkeitsziele in den SDGs direkt umsetzbare Ziele, und wir werden uns weiter unten als Beispiele Gleichstellung (Subziel 5.5), Kinderarbeit (Subziel 8.7) und verbotene Waffen (Subziel 16.4) genauer ansehen.

Abgesehen von einer inhaltlichen Diskussion, gibt es natürlich auch im Bereich der sozialen Ziele Fragen des Reportings. Und auch im sozialen Bereich gibt es Reporting Standards, die die Berichterstattung über die sozialen Ziele der Unternehmen standardisieren und damit erleichtern sollen.

Für die oben erwähnten GRI-Standards der Global Reporting Initiative sind es insbesondere die Standards der Reihe 400 (Soziales), die als Basis für dieses Reporting dienen. In der Reihe 400 stellt die GRI derzeit Standards zu folgenden Themen zur Verfügung:

Die Serie 400 der GRI-Standards umfasst themenspezifische Standards zur Berichterstattung über die wesentlichen Auswirkungen einer Organisation bezüglich sozialer Themen.

GRI 401: Beschäftigung (Employment) 2016

GRI 402: Arbeitnehmer-Arbeitgeber-Verhältnis (Labor Management Relations) 2016

GRI 403: Arbeitssicherheit und Gesundheitsschutz (Occupational Health and Safety) 2018

GRI 404: Aus- und Weiterbildung (Training and Education) 2016

GRI 405: Diversität und Chancengleichheit (Diversity and Equal Opportunity) 2016

GRI 406: Nichtdiskriminierung (Non-discrimination) 2016

GRI 407: Vereinigungsfreiheit und Tarifverhandlungen (Freedom of Association and Collective Bargaining) 2016

GRI 408: *Kinderarbeit (Child Labor) 2016*

GRI 409: *Zwangs- oder Pflichtarbeit (Forced or Compulsory Labor) 2016*

GRI 410: *Sicherheitspraktiken (Security Practices) 2016*

GRI 411: *Rechte der indigenen Völker (Rights of Indigenous Peoples) 2016*

GRI 412: *Prüfung auf Einhaltung der Menschenrechte (Human Rights Assessment) 2016*

GRI 413: *Lokale Gemeinschaften (Local Communities) 2016*

GRI 414: *Soziale Bewertung der Lieferanten (Supplier Social Assessment) 2016*

GRI 415: *Politische Einflussnahme (Public Policy) 2016*

GRI 416: *Kundengesundheit und -sicherheit (Customer Health and Safety) 2016*

GRI 417: *Marketing und Kennzeichnung (Marketing and Labeling) 2016*

GRI 418: *Schutz der Kundendaten (Customer Privacy) 2016*

GRI 419: *Sozioökonomische Compliance (Socioeconomic Compliance) 2016*

Dabei kann man schon an der Liste der Standards erkennen, dass es hier eine viel engere Interpretation dessen geben muss, was soziale Nachhaltigkeitsziele sind, als nur die Produktion von Lebensmittel oder Pharmazeutika. Welche dieser Ziele finden wir oft (unter Verwendung der GRI-Standards) in den Unternehmensberichten?

Gleichstellung

Die Umsetzung von Ziel 5 der SDGs („Geschlechtergleichstellung erreichen und alle Frauen und Mädchen zur Selbstbestimmung befähigen") schlägt sich beispielsweise im Reporting der Unternehmen stark im Bereich von Subziel 5.5 nieder:

> *5.5 Die volle und wirksame Teilhabe von Frauen und ihre Chancengleichheit bei der Übernahme von Führungsrollen auf allen Ebenen der Entscheidungsfindung im politischen, wirtschaftlichen und öffentlichen Leben sicherstellen.*

Teilhabe und Chancengleichheit betreffen sowohl die Aufteilung der Führungsrollen als auch die Bezahlung. Daher empfiehlt die Global Reporting Initiative auch, über beide Aspekte zu berichten:[34]

> *Angabe 405-1: Diversität in Kontrollorganen und unter Angestellten*
>
> ***Die berichtende Organisation muss folgende Informationen offenlegen:***
>
> ***a. Prozentsatz der Personen in den Kontrollorganen einer Organisation in jeder der folgenden Diversitätskategorien:***
>
> *i. Geschlecht;*

ii. *Altersgruppe: unter 30 Jahre alt, 30–50 Jahre alt, über 50 Jahre alt;*

iii. *gegebenenfalls andere Diversitätsindikatoren wie zum Beispiel Minderheiten oder schutzbedürftige Gruppen.*

b. Prozentsatz der Angestellten pro Angestelltenkategorie in jeder der folgenden Diversitätskategorien:

i. *Geschlecht;*

ii. *Altersgruppe: unter 30 Jahre alt, 30–50 Jahre alt, über 50 Jahre alt;*

iii. *gegebenenfalls andere Diversitätsindikatoren wie zum Beispiel Minderheiten oder schutzbedürftige Gruppen.*

Angabe 405-2: Verhältnis des Grundgehalts und der Vergütung von Frauen zum Grundgehalt und zur Vergütung von Männern

Die berichtende Organisation muss folgende Informationen offenlegen:

a. *Verhältnis des Grundgehalts und der Vergütung von Frauen zum Grundgehalt und zur Vergütung von Männern für jede Angestelltenkategorie, aufgeschlüsselt nach wichtigen Betriebsstätten;*

b. *die verwendete Definition für „wichtige Betriebsstätten".*

Unternehmen, deren Nachhaltigkeitsreporting sich an die GRI-Standards anlehnt, können daher sowohl die Tatsache als auch die numerische Auswirkung ihrer Politik zur Geschlechtergleichstellung dokumentieren.

Diese Transparenz wird in Deutschland durch gesetzliche Bestimmungen verstärkt: Das Entgelttransparenzgesetz verpflichtet in Deutschland seit 2017 Unternehmen zu folgender Berichterstattung:[35]

1) Arbeitgeber mit in der Regel mehr als 500 Beschäftigten […] erstellen einen Bericht zur Gleichstellung und Entgeltgleichheit, in dem sie Folgendes darstellen:

1. ihre Maßnahmen zur Förderung der Gleichstellung von Frauen und Männern und deren Wirkungen sowie

2. ihre Maßnahmen zur Herstellung von Entgeltgleichheit für Frauen und Männer.

Arbeitgeber, die keine Maßnahmen im Sinne des Satzes 1 Nummer 1 oder 2 durchführen, haben dies in ihrem Bericht zu begründen.

Anhand der Veröffentlichungen der Unternehmen lassen sich dann der Beitrag des Unternehmens zur Erreichung von Ziel 5 ablesen. So berichtet zum Beispiel ein globaler deutscher Autohersteller über die Gleichstellung von Frauen unter Verweis auf GRI-Standard 405-1:[36]

Ergebnisse und Leistungsindikatoren: Vielfalt im Unternehmen weiter gesteigert

Wir konnten den Frauenanteil in der Gesamtbelegschaft von 19,3% (2017) auf 19,9% (2018) steigern. Dieser Wert liegt über unserem selbst gesetzten Zielkorridor von 15–17%. In Führungspositionen stieg der Frauenanteil in der BMW Group auf 17,2% (2017: 16,0%). In den Nachwuchsgruppen lag der Frauenanteil im Berichtsjahr bei rund 44% im Traineeprogramm und bei rund 28% in den studentischen Förderprogrammen. Mit einem Frauen-

anteil von 30,0% im Aufsichtsrat entsprechen wir der Empfehlung des Deutschen Corporate Governance Kodex. → GRI 405-1

Kinderarbeit

Ein ebenfalls in den Nachhaltigkeitszielen verankertes Ziel ist die Beendigung der Kinderarbeit:[37]

> *8.7 Sofortige und wirksame Maßnahmen ergreifen, um Zwangsarbeit abzuschaffen, moderne Sklaverei und Menschenhandel zu beenden und das Verbot und die Beseitigung der schlimmsten Formen der Kinderarbeit, einschließlich der Einziehung und des Einsatzes von Kindersoldaten, sicherstellen und bis 2025 jeder Form von Kinderarbeit ein Ende setzen.*

Die UNICEF berichtet, dass aktuell knapp 170 Millionen Kinder im Alter von 5 bis 17 Jahren Kinderarbeit verrichten. Damit ist die Welt weit entfernt von der Erreichung von Subziel 8.7 der SDGs, das die Staaten dazu verpflichtet, bis 2025 Kinderarbeit in allen ihren Formen zu beenden. Ebenso der UN Global Compact, dessen Prinzip 1 festhält, dass Unternehmen den Schutz der internationalen Menschenrechte unterstützen und achten sollen, und dessen Prinzip 5 besagt, dass Unternehmen für die Abschaffung von Kinderarbeit eintreten sollen.

Für Unternehmen heißt das klarerweise nicht nur, dass sie selbst keine Kinder beschäftigen, sondern auch, dass sie zudem sicherstellen müssen, dass ihre Zulieferer in der gesamten Kette keine Kinderarbeit einsetzen.

Um die Nachhaltigkeit der Aktivität eines Unternehmens in diesem Bereich beurteilen zu können, empfiehlt die Global Reporting Initiative in ihrem Standard 408 folgende Informationsveröffentlichung:[38]

Die berichtende Organisation muss folgende Informationen offenlegen:

a. Betriebsstätten und Lieferanten mit einem erheblichen Risiko für:

i. Kinderarbeit;

ii. Umstände, unter denen junge Mitarbeiter gefährlicher Arbeit ausgesetzt werden.

b. Betriebsstätten und Lieferanten, bei denen davon ausgegangen wird, dass sie ein erhebliches Risiko für Vorfälle von Kinderarbeit haben, und zwar:

i. Art der Betriebsstätte (wie zum Beispiel eine Produktionsanlage) und des Lieferanten;

ii. Länder und geografische Regionen, in denen Betriebsstätten oder Lieferanten als risikobehaftet gelten.

c. Maßnahmen, die die Organisation im Berichtszeitraum ergriffen hat, um zur effektiven Abschaffung von Kinderarbeit beizutragen.

Exkurs: Controversial Weapons

Einen eigenen Platz nimmt das Thema der sogenannten „geächteten Waffen“ oder „controversial weapons“ ein.

Schon seit Bertha von Suttners 1889 erschienenenem Buch „Die Waffen nieder!“ ist die Produktion und der Handel mit Waffen aus ethischer Sicht suspekt. In der modernen Nachhaltigkeitsdebatte nehmen Waffen zwar einen wichtigen Platz ein, trotzdem ist die Beendigung der Produktion oder des Handels mit Waffen allgemein weder in den SDGs noch im Global Compact als Nachhaltigkeitsziel vorgegeben.

Eine Ausnahme bildet eine kleine Gruppe von Waffen, deren Produktion, Lagerung und/oder Einsatz durch internationale Konventionen verboten ist. Im Investmentsprachgebrauch werden diese oft als „geächtete Waffen" bezeichnet. Waffen, die diesen geächteten ähnlich sind, oder Bestandteile davon werden oft als „kontroverse Waffen" (auf Englisch Controversial Weapons) bezeichnet.

Die Gruppe der durch Konventionen ausdrücklich verbotenen Waffen ist klein: Chemische, biologische und radiologische Waffen, Antipersonenminen und Streumunition gehören dazu. Seit 2001 gibt es auch eine Konvention gegen den Einsatz von „kontroversen konventionellen Waffen", die unterschiedslos wirken und übermäßiges Leid verursachen. Die Produktion und Lagerung atomarer Waffen ist zwar durch Konventionen nicht allgemein verboten, aber streng beschränkt.

Als Nachhaltigkeitsziel findet sich das Verbot illegaler Waffen im Ziel 16 der Nachhaltigkeitsziele der Agenda 2030, als Subziel 16.4.[39]

> *16.4 Bis 2030 illegale Finanz- und Waffenströme deutlich verringern, die Wiedererlangung und Rückgabe gestohlener Vermögenswerte verstärken und alle Formen der organisierten Kriminalität bekämpfen.*

Ziel 16 wird typischerweise eher dem Governancebereich zugerechnet, das Waffenverbot findet sich aber im Bereich der sozialen Ziele.

Im Investmentbereich ist unbestritten, dass Unternehmen, die geächtete Waffen herstellen, nicht nachhaltig agieren. Eine Investition in solche Unternehmen muss daher aus Nachhaltigkeitssicht ausgeschlossen sein, und ein Fonds, der in solche Unternehmen investiert, kann nicht nachhaltig sein. Um diese prinzipielle Erkenntnis gruppiert sich aber im Detail der Umsetzung ein extrem schwieriger Fragenkomplex.

Als eines der ersten Länder der Welt hat Belgien im Jahr 2007 die Investmentfrage für geächtete Waffen gesetzlich geregelt. 2007 wurde das seit 2006 bestehende gesetzliche Verbot von Streumunition, Antipersonenminen und Munition aus Uran erweitert und die Finanzierung von oder die Investition in Unternehmen, die solche Waffen herstellen, unter Strafe gestellt.[40] Damit wurde belgischen Investmentfonds der Ausschluss dieser Unternehmen gesetzlich vorgeschrieben. Da Belgien ein großer Markt für Investmentfonds ist, und das Verbot auch ausländische Fonds, die in Belgien vertreiben wollen, erreicht, wurde damit auch eine Vielzahl der ausländischen Investmentfonds dazu gebracht, dieses Verbot einzuhalten.

Der Effekt gesetzlicher Bestimmungen wie in Belgien und des generellen Trends gegen Investitionen in kontroverse Waffen ist merkbar: Ein jüngst erschienener Bericht vermerkt nur mehr sieben weltweite Produzenten. Obwohl der Bericht 8,7 Milliarden US-Dollar Investitionen in diese Unternehmen aufzeigt, vermerkt er, dass die Investitionen von 31 Milliarden US-Dollar im Jahr 2017 massiv auf knapp unter neun Milliarden geschrumpft sind.[41]

Das scheinbar simple (und auch wirksame) Verbot zieht aber eine lange Liste komplexer Detailfragen nach sich. So nimmt selbst das belgische Gesetz Indexfonds vom Verbot aus: Sofern sich in einem Index ein Waffenproduzent befindet und das Ziel des Investmentfonds ausdrücklich als die Replizierung des Index definiert ist, fällt eine Investition nicht unter das Verbot.

Eine ebenso kontrovers diskutierte Frage ist, wie weit das Verbot auch Produzenten von wichtigen (oder unwichtigen) Komponenten solcher Waffen erfasst. Ein Bericht eines internationalen Nachhaltigkeitsberaters[42] zu dieser Frage für europäische institutionelle Investoren unterscheidet zum Beispiel zwischen Kernkomponenten (key components – teilweise verboten) und anderen Komponenten (nicht verboten) und bei den Kernkomponenten wiederum zwischen solchen, die zur tödlichen Wirkung der Waffe beitragen (verboten), und jenen (wie Steuerungssysteme), die nicht zur tödlichen Wirkung beitragen.

Und schließlich stellt sich die Frage, wie weit in der Unternehmensstruktur das Investitionsverbot reicht: Bei Waffenproduzenten, die Teil eines globalen Konglomerats sind, finden wir oft eine implizite oder explizite Grenze, welcher Prozentsatz des Gesamtumsatzes aus dem Waffengeschäft stammen muss, um auch eine Investition in die Konzernmutter auszuschließen. Weitere Fragen in dieser Kategorie sind: Soll auch die Investition in Banken, die Geschäfte mit geächteten oder kontroversen Waffen finanzieren, ausgeschlossen sein? Oder Investitionen in Unternehmen, deren Pensionskassen die Investition in solche Unternehmen nicht ausschließen?

Viele globale Investmentunternehmen haben eigene Richtlinien zur Investition in kontroverse Waffen beschlossen, und man merkt vielen dieser Dokumente an, wie schwierig die Abgrenzung im Einzelfall ist.

Die Sozialziele der Europäischen Union

Im Gegensatz zu den schon ausformulierten sechs Umweltzielen der Europäischen Union gibt es noch keine ausformulierten Sozialziele. In der Verordnung über Veröffentlichungen werden soziale Ziele beispielhaft, wie folgt, definiert:[43]

> *„nachhaltige Investition" ist […] oder eine Investition in eine wirtschaftliche Tätigkeit, die zur Erreichung eines sozialen Ziels beiträgt, insbesondere eine Investition, die zur Bekämpfung von Ungleichheiten beiträgt oder den sozialen Zusammenhalt, die soziale Integration und die Arbeitsbeziehungen fördert oder eine Investition in Humankapital oder zugunsten wirtschaftlich oder sozial benachteiligter Bevölkerungsgruppen.*

Darüber hinaus gibt es (noch) keine klare Definition der Sozialen Ziele im Rahmen der Europäischen Gesetzgebung.

Zusammenfassung – Soziale Ziele

Der Bereich der Umweltziele ist inzwischen sehr klar abgegrenzt. Sowohl die SDGs als auch die klar formulierten Ziele der Europäischen Union und insbesondere die technischen Kriterien der Taxonomie für Umweltziele 1 (Klimaschutz) und 2 (Anpassung an den Klimawandel) geben eindeutige Richtlinien, was nachhaltig Investieren im Umweltbereich bedeutet.

Im Bereich der sozialen Ziele müssen wir aktuell eine etwas unklarere Situation in Kauf nehmen. Die Umsetzung der nachhaltigen sozialen Staatsziele in den SDGs der Agenda 2030 in klare Unternehmensaktivitäten, die zu diesen Zielen beitragen, ist schwieriger als bei den Umweltzielen. Es gibt einige Subziele, die klar in den Verantwortungsbereich von Unternehmen fallen: Gleichstellung im Unternehmen, Verbot von Kinderarbeit, Verbot kontroverser Waffen. Bei vielen anderen sozialen Zielen werden in der Praxis oft die in den Nachhaltigkeitszielen genannten Ziele reduziert auf die Erreichung dieser Ziele für benachteiligte oder sonstige genau definierte Gruppen, um den sozialen Effekt klarzustellen und um eine „Materiality"-Komponente erweitert, also nur solche Aktivitäten einbezogen, die maßgeblich zur Erreichung der Ziele beitragen.

Klarheit wird hier sicher die von der EU angekündigte Definition bringen, ähnlich der Definition der Umweltziele, gegebenenfalls aber mit einer eigenen Taxonomie.

Bis es soweit ist und klare, verbindliche EU-Sozialziele festgelegt sind, bleibt Investoren und Beratern die Möglichkeit, auf die UN Sustainable Development Goals zurückzugreifen und die oben genannten sozialen Ziele der 17 SDGs als Definition heranzuziehen. Für mehr rechtliche Sicherheit kann man auch auf die oben abgedruckte Liste von Zielen zurückgreifen, die die deutsche Bundesanstalt für Finanzdienstleistungsaufsicht in ihrem Merkblatt zu Nachhaltigkeitsrisken als Beispiel für soziale Ziele genannt hat. (Die österreichische Finanzmarktaufsicht hat einen ähnlichen Leitfaden mit einer nahezu identischen Liste aktuell zur Stellungnahme ausgesandt). Rechtliche Sicherheit gibt es zum gegenwärtigen Zeitpunkt nicht noch nicht und daher ist das Gespräch zwischen Investor und Berater in diesem Bereich unerlässlich.

G für Governance

Der dritte Bereich der als ESG definierten Nachhaltigkeitsziele ist Governance. Hier müssen wir zum ersten Mal den Bereich der Agenda 2030 und der 17 Nachhaltigkeitsziele verlassen. Fangen wir trotzdem mit den UN-Dokumenten an:

Die Governanceziele in den UN-Dokumenten

Governanceziele in den 17 SDGs

In den Nachhaltigkeitszielen der Agenda 2030 ist Governance nur mit einem einzigen Ziel, Ziel 16 (Frieden, Gerechtigkeit und starke Institutionen) vertreten:[44]

Ziel 16. *Friedliche und inklusive Gesellschaften für eine nachhaltige Entwicklung fördern, allen Menschen Zugang zur Justiz ermöglichen und leistungsfähige, rechenschaftspflichtige und inklusive Institutionen auf allen Ebenen aufbauen;*

16.1 *alle Formen der Gewalt und die gewaltbedingte Sterblichkeit überall deutlich verringern;*

16.2 *Missbrauch und Ausbeutung von Kindern, den Kinderhandel, Folter und alle Formen von Gewalt gegen Kinder beenden;*

16.3 *die Rechtsstaatlichkeit auf nationaler und internationaler Ebene fördern und den gleichberechtigten Zugang aller zur Justiz gewährleisten;*

16.4 *bis 2030 illegale Finanz- und Waffenströme deutlich verringern, die Wiedererlangung und Rückgabe gestohlener Vermögenswerte verstärken und alle Formen der organisierten Kriminalität bekämpfen;*

16.5 *Korruption und Bestechung in allen ihren Formen erheblich reduzieren;*

16.6 *leistungsfähige, rechenschaftspflichtige und transparente Institutionen auf allen Ebenen aufbauen;*

16.7 *dafür sorgen, dass die Entscheidungsfindung auf allen Ebenen bedarfsorientiert, inklusiv, partizipatorisch und repräsentativ ist;*

16.8 *die Teilhabe der Entwicklungsländer an den globalen Lenkungsinstitutionen erweitern und verstärken;*

16.9 *bis 2030 insbesondere durch die Registrierung der Geburten dafür sorgen, dass alle Menschen eine rechtliche Identität haben;*

16.10 *den öffentlichen Zugang zu Informationen gewährleisten und die Grundfreiheiten schützen, im Einklang mit den nationalen Rechtsvorschriften und völkerrechtlichen Übereinkünften;*

16.a *die zuständigen nationalen Institutionen namentlich durch internationale Zusammenarbeit beim Kapazitätsaufbau auf allen Ebenen zur Verhütung von Gewalt und zur Bekämpfung von Terrorismus und Kriminalität unterstützen, insbesondere in den Entwicklungsländern;*

16.b *nichtdiskriminierende Rechtsvorschriften und Politiken zugunsten einer nachhaltigen Entwicklung fördern und durchsetzen.*

Das alles sind wichtige und bedeutende Ziele für das nachhaltige Zusammenleben. Die Ziele sind aber, mit Ausnahme der schon erwähnten Ziele 16.4. (illegale Waffen) und 16.5. (Reduktion von Korruption und Bestechung) nur sehr begrenzt Ziele, die Unternehmen verfolgen können. Maßnahmen, die zur Erreichung von Ziel 16 beitragen können, sind oft Maßnahmen im Hoheitsbereich, also den Staaten und ihren Einheiten vorbehalten.

Die Ziele des Nachhaltigkeitsziels 16 spielen daher dort eine bedeutende Rolle, wo in Staatspapiere investiert wird, also im Bereich der Government Bonds. Hier finden wir insbesondere in vielen Ausschlussrichtlinien von Investment Managern den Ausschluss von Staaten, die gegen Einzelne der Subziele verstoßen. Ebenso finden wir ein Best-in-Class-Ranking von Staatsanleiheemittenten auf Basis von Rechtsstaatlichkeit (Ziel 16.3.), Institutionen (Ziel 16.6.) und Menschenrechten (Ziel 16.10.).

Der UN Global Compact

In der Investmentpraxis hat sich aber sehr früh, schon in den Anfängen des nachhaltigen Investments, eine andere Praxis durchgesetzt: Als Teil der Nachhaltigkeitsprüfung von Unternehmen wurde auch die Praxis der Unternehmensführung geprüft. Dabei wurden als Ergebnis nur Unternehmen mit guter Unternehmensführung (Good Corporate Governance) als Kandidaten für Investments in Betracht gezogen.

Diese Praxis, und die dadurch entstehende Diskrepanz zwischen staatlichen Nachhaltigkeitszielen und unternehmerischer Praxis hat zur Gründung des UN Global Compact geführt.

Die Übertragung der in erster Linie für Staaten gedachten Entwicklungsziele erfolgte unter Initiative des UN-Generalsekretärs schon im Jahr 2000. Die Initiative war damals noch auf die Millennium Development Goals, den Vorgängern der Sustainable Development Goals, fokussiert, gilt aber für deren Nachfolger, die Sustainable Development Goals, weiter. Als Mittel dieser Umsetzung gründete die UNO den Global Compact, einen Satz von Prinzipien, zu dem sich Unternehmen freiwillig verpflichten können und die konkreter auf die Umsetzung der Nachhaltigkeitsziele durch Unternehmen abgestellt sind. Die Prinzipien des Global Compact lassen sich indirekt aus den 17 Development Goals ableiten, sind aber für Unternehmen gedacht und formuliert und lassen sich daher, insbesondere im Bereich der Corporate Governance, für Unternehmen einfacher umsetzen.

Die zehn Prinzipien des Global Compact können in vier Teile eingeteilt werden:

Menschenrechte	Arbeitsnormen
Unternehmen sollen den Schutz der internationalen Menschenrechte innerhalb ihres Einflussbereichs unterstützen und achten.	Unternehmen sollen die Vereinigungsfreiheit und die wirksame Anerkennung des Rechts auf Kollektivverhandlungen wahren.
Unternehmen sollen sicherstellen, dass sie sich nicht an Menschenrechtsverletzungen mitschuldig machen.	Unternehmen sollen für die Beseitigung aller Formen der Zwangsarbeit eintreten.
	Unternehmen sollen für die Abschaffung der Kinderarbeit eintreten.
	Unternehmen sollen für die Beseitigung von Diskriminierung bei Anstellung und Beschäftigung eintreten.

Umweltschutz	Korruptionsbekämpfung
Unternehmen sollen im Umgang mit Umweltproblemen einen vorsorgenden Ansatz unterstützen.	Unternehmen sollen gegen alle Arten der Korruption eintreten, einschließlich Erpressung und Bestechung.
Unternehmen sollen Initiativen ergreifen, um ein größeres Verantwortungsbewusstsein für die Umwelt zu erzeugen.	
Unternehmen sollen die Entwicklung und Verbreitung umweltfreundlicher Technologien fördern.	

Der Global Compact ist inzwischen die größte und erfolgreichste Organisation für die Umsetzung von Nachhaltigkeitszielen in Unternehmen. Ende 2018 zählte er mehr als 13.500 teilnehmende Unternehmen in über 160 Ländern. Lokal agiert der Global Compact über nationale Netzwerke, darunter in Österreich und Deutschland. Die lokalen Netzwerke bieten jeweils:

Eine Plattform für den Austausch zwischen Wirtschaft, Zivilgesellschaft und Politik.

Ein klares Bekenntnis zu den UN Sustainable Development Goals und den zehn Prinzipien des UN Global Compact sowie die Möglichkeit, diesen Beitrag sichtbar zu machen und weiterzuentwickeln.

Orientierung und Tools zur Umsetzung von Maßnahmen in der Praxis.[45]

Durch diese weltweite Akzeptanz sind die Prinzipien des Global Compact eine der Quellen für die Beurteilung der Nachhaltigkeit von Unternehmen geworden.

Zu den Prinzipien des Global Compact kommen noch die Prinzipien der Good Corporate Governance hinzu, die von der OECD gemeinsam mit den G20 ausgearbeitet wurden, die sogenannten „G20/OECD-Grundsätze der Corporate Governance". Die Grundsätze umfassen folgende Teilbereiche:[46]

I. Voraussetzungen für einen effektiven Corporate-Governance-Rahmen

II. Aktionärsrechte, Gleichbehandlung der Aktionäre und wesentliche Eigentümerfunktionen

III. Institutionelle Anleger, Aktienmärkte und andere Intermediäre

IV. Rolle der verschiedenen Unternehmensbeteiligten (Stakeholder) bei der Corporate Governance

V. Offenlegung und Transparenz

VI. Pflichten des Board (Aufsichtsorgan)

Zwischen diesen beiden Dokumenten (sowie ggf. dem ISO 26000 Standard) finden sich so gut wie alle Prinzipien, die bei der Beurteilung, ob ein Unternehmen gute Governanceprinzipien befolgt, berücksichtigt werden.

Investoren können die Information, ob und wie Unternehmen diese Prinzipien befolgen auch aus den Berichten der Unternehmen entnehmen: Seit 2018 verpflichtet die EU-Richtlinie zur nicht-finanziellen Berichterstattung[47] alle großen Unternehmen, in ihrem Jahresbericht auch Informationen über Umwelt-, Sozial-, und Arbeitnehmerbelange, und in Bezug auf die Achtung der Menschenrechte sowie die Bekämpfung von Korruption und Bestechung zu veröffentlichen.

Typische Themen, bei denen sich hier positive oder negative Beurteilungen der Nachhaltigkeit der Unternehmensführung ergeben, sind die Beachtung der Rechte der Minderheitsaktionäre, die Remuneration der Unternehmensführung und Korruption.

Sehr oft sind diese Themen Anlass zu Diskussionen bei der Hauptversammlung großer Aktiengesellschaften und können dazu führen, dass große Aktionäre (insbesondere Pensionskassen oder Investmentfonds) gegen Vorschläge des Vorstands stimmen, eigene Vorschläge für mehr Kontrolle einbringen oder dem Vorstand die Entlastung verweigern. So berichtet zum Beispiel die Erste Asset Management (EAM) in ihrem Engagement Voting Report 2018, dass sie allein im Jahr 2018 bei Hauptversammlungen von Unternehmen, an denen die von der EAM verwalteten Fonds beteiligt waren, 95 Mal in Vergütungsfragen gegen den Antrag des Management gestimmt hat. Ebenso hat die EAM für einen Aktionärsantrag gestimmt, mit dem von Nike Inc.

die regelmäßige Offenlegung von Informationen direkter und indirekter Zahlungen zur Teilnahme oder Beeinflussung an/von zum Beispiel politischen/r Kampagnen wodurch die Öffentlichkeit zum Beispiel bezüglich anstehender Wahlen beeinflusst werden könnte

gefordert wurde.[48]

Die Governanceziele der Europäischen Union

Welche Kriterien muss eine Aktivität erfüllen, um der Definition der „Good Governance" im Bereich der EU-Regulierung zu entsprechen? Leider befinden wir uns zum aktuellen Zeitpunkt in einer schwierigen Übergangssituation, die im Bereich der Good Governance zu erheblicher Unsicherheit führt, was die EU-Definitionen anbelangt.

Wenn wir im Vergleich dazu die Umweltziele heranziehen, sehen wir einen rigoros strukturierten Aufbau: Eine Aktivität, die als nachhaltig im Sinne des „E", also des Environment-Kriteriums, definiert werden soll, muss zum ersten eine Aktivität sein, die eines der sechs Umweltziele der Rahmenverordnung maßgeblich fördert. Dieses Kriterium wird dann durch die ebenfalls in der Rahmenverordnung festgelegten Unterziele für jedes Ziel weiter definiert und klargestellt. Und schließlich gibt es für zahlreiche Aktivitäten jetzt schon numerisch festgelegte technische Kriterien, an denen – zumindest für die zwei ersten Umweltziele, „Klimaschutz" und „Anpassung an den Klimawandel", und deren Unterziele – gemessen und damit entschieden werden kann, ob eine Aktivität als nachhaltig im Sinne der Rahmenverordnung gilt.

Im Good-Governance-Bereich haben wir nun ein zweifaches Problem. Zum einen gibt es (ähnlich wie im sozialen Bereich) aktuell noch keine Liste der Ziele bzw. Kriterien, denen eine Aktivität entsprechen muss, um „Verfahrensweisen einer guten Unternehmensführung" im Sinne der Publizitätsverordnung zu entsprechen. Wie ich gleich weiter unten ausführen werden, gibt es Hinweise auf eine Reihe von Dokumenten, die für diese Entscheidung hilfreich sein könnten, aber noch keine abgeschlossene Liste. Und zum anderen wird dieses Problem dadurch verschärft, dass in der aktuellen EU-Systematik jede einzelne Aktivität, egal ob sie ein Umweltziel oder ein soziales Ziel maßgeblich fördert, auch gleichzeitig den „Verfahrensweisen einer guten Unternehmensführung" entsprechen muss, um als nachhaltig zu gelten. Wenn es also derzeit noch Unsicherheit gibt, ob eine Aktivität dem Umweltziel 3 („Nachhaltige Nutzung und Schutz von Wasser- und Meeresressourcen") entspricht oder nicht, beeinträchtigt das nicht die Beurteilung von Aktivitäten im Hinblick auf den Klimaschutz. In der aktuellen Systematik gilt das Kriterium der guten Unternehmensführung allerdings für alle nachhaltigen (E und S) Aktivitäten. Unsicherheit in diesem Bereich beeinträchtigt daher die Beurteilung aller Aktivitäten.

Welche Hinweise gibt uns die EU aktuell, welche Kriterien zur Bestimmung dieser Verfahrensweisen heranzuziehen sind? In der Offenlegungsrichtlinie findet sich der Hinweis, dass solche Verfahrensweisen „insbesondere bei soliden Managementstrukturen, den Beziehungen zu den Arbeitnehmern, der Vergütung von Mitarbeitern sowie der Einhaltung der Steuervorschriften" zu finden sind. Im letzten Entwurf der Rahmenverordnung wird gute Unternehmensführung dahingehend definiert, dass das Unternehmen Maßnahmen ergriffen haben muss, um den folgenden Vorschriften zu entsprechen:

- *den OECD Guidelines for Multinational Enterprises,*

- *den UN Guiding Principles on Business and Human Rights inklusive der*

- *acht Konventionen der ILO Declaration on Fundamental Rights and Principles at Work*

sowie

- *der International Bill of Human Rights.*

Das ist eine extrem breite Sammlung von Konventionen mit weitreichenden Vorschriften. Hier wird ohne Zweifel noch eine genauere Definition erfolgen müssen.

In der Zwischenzeit verwenden Aufsichtsbehörden eine weitaus engere Sicht der Good Governance:

Die Bundesanstalt für Finanzdienstleistungsaufsichtswesen (BAFin) führt zum Beispiel folgende Liste der Governanceziele in ihrem im Januar 2020 erschienenen Merkblatt über Nachhaltigkeitsrisken auf:[49]

Beispiele für ESG sind:
Governance/Unternehmensführung

- *Steuerehrlichkeit*
- *Maßnahmen zur Verhinderung von Korruption*
- *Nachhaltigkeitsmanagement durch Vorstand*
- *Vorstandsvergütung in Abhängigkeit von Nachhaltigkeit*
- *Ermöglichung von Whistle Blowing*
- *Gewährleistung von Arbeitnehmerrechten*
- *Gewährleistung des Datenschutzes*
- *Offenlegung von Informationen*

Zusammenfassung – Governance

Von den drei Gruppen, Environment, Social und Governance, ist Governance damit jener Bereich, in dem aktuell noch die größte Unsicherheit über die anzuwendenden Kriterien herrscht. Das ist in gewisser Hinsicht ironisch, weil Governance einer der ersten Bereiche war, dem Investmentmanager ihre Aufmerksamkeit gewidmet haben. Die 17 Sustainable Development Goals bieten hier wenig Hilfe, weil sie, wie angemerkt, ihr Augenmerk vor allem auf staatliche Ziele legen. Die OECD-Prinzipien und der UN Global Compact als speziell auf Unternehmen ausgerichtete Zielesammlungen sind hier ein weitaus besseres Hilfsmittel. Diese Ausrichtung scheint aber in der letzten Fassung der EU-Dokumente nicht mehr maßgeblich zu sein, da die Anzahl der Dokumente, die in die Letztfassung der Rahmenverordnung inkludiert wurde, weit über diese eng gefassten Richtlinien hinausgeht.

Hier besteht auf EU-Ebene noch erheblicher Klärungsbedarf damit auch G für Governance ein taugliches Kriterium mit klaren Abgrenzungsmerkmalen ähnlich der Umwelt-Taxonomie wird.

Auch hier gilt, ähnlich wie im Bereich der sozialen Ziele, dass es bis dahin noch keine rechtliche Klarheit gibt. Hier können als internationaler Leitfaden insbesondere die OECD Guidelines for Multinational Enterprises herhalten, oder es kann auf die Liste der Ziele zurückgegriffen werden, die die deutsche Bundesanstalt für Finanzdienstleistungsaufsicht oder die österreichische Finanzmarktaufsicht als Beispiele genannt haben. Rechtliche Sicherheit gibt es aktuell noch nicht und daher ist das Gespräch zwischen Investor und Berater auch in diesem Bereich unerlässlich.

Das Zusammenspiel von E,S und G: Do no significant Harm

Wir haben uns jetzt die drei ESG-Komponenten von Nachhaltigkeit angesehen:

E – Environment: Umweltziele

S – Social: soziale Ziele

G – Governance: gute Unternehmensführung

Wie sieht nun das Zusammenspiel dieser drei Ziele aus? Was ist mit Tätigkeiten, die ein Umweltziel fördern, aber ein anderes Umweltziel oder soziales Ziel beeinträchtigen? Müssen Tätigkeiten alle drei Ziele fördern, um nachhaltig zu sein?

Im globalen Bereich, also vor allem bei den Nachhaltigkeitszielen der Agenda 2030, stehen alle Ziele gleichwertig nebeneinander. Die Staaten haben sich zur Erreichung aller Ziele verpflichtet.

Im Bereich der europäischen Regulierung, die für Investoren und Berater in Deutschland und Österreich maßgeblich ist, gibt es dazu zwei zentrale Regulierungen:

Zum Ersten die **„Do No Significant Harm" oder DNSH-Regel**, auf Deutsch „keine erhebliche Beeinträchtigung". Die DNSH-Regel wurde für den Umweltbereich schon in Kraft gesetzt. Sie besagt, dass eine Aktivität für den Umweltbereich nachhaltig ist, wenn sie eines der sechs nachhaltigen Umweltziele wesentlich fördert **und** keines der **anderen Ziele erheblich beeinträchtigt.**[50]

Artikel 3: Kriterien für ökologisch nachhaltige Wirtschaftstätigkeiten

Zum Zweck der Ermittlung des Grades der ökologischen Nachhaltigkeit einer Investition gilt eine Wirtschaftstätigkeit als ökologisch nachhaltig, wenn sie sämtliche der folgenden Kriterien erfüllt:

a) die Wirtschaftstätigkeit trägt [...] wesentlich zur Verwirklichung eines oder mehrerer der in Artikel 5 festgelegten Umweltziele bei;

b) die Wirtschaftstätigkeit führt zu keiner erheblichen Beeinträchtigung [...] der in Artikel 5 festgelegten Umweltziele; [...]

Artikel 12: Erhebliche Beeinträchtigung der Umweltziele

Für die Zwecke des Artikels 3 Buchstabe b beeinträchtigt eine Wirtschaftstätigkeit erheblich

a) den Klimaschutz, wenn diese Tätigkeit zu erheblichen Treibhausgasemissionen führt;

b) die Anpassung an den Klimawandel, wenn diese Tätigkeit die negativen Auswirkungen des derzeitigen und erwarteten Klimas auf die natürliche und bebaute Umwelt, in der diese Tätigkeit stattfindet, und darüber hinaus verstärkt;

c) die nachhaltige Nutzung und den Schutz der Wasser- und Meeresressourcen, wenn diese Tätigkeit den guten Zustand von Unionsgewässern, einschließlich Binnen-, Übergangs- und Küstengewässer, oder den guten Umweltzustand von Meeresgewässern der Union in erheblichem Maß schädigt;

d) die Kreislaufwirtschaft sowie Abfallvermeidung und Recycling, wenn diese Tätigkeit zu einer erheblichen Ineffizienz bei der Materialnutzung in einer oder mehreren Phasen des Lebenszyklus von Produkten führt, unter anderem im Hinblick auf die Haltbarkeit, Reparaturfähigkeit, Nachrüstbarkeit, Wiederverwendbarkeit oder Recyclingfähigkeit der Produkte; oder wenn diese Tätigkeit zu einer deutlichen Zunahme der Erzeugung, Verbrennung oder Beseitigung von Abfall führt;

e) die Vermeidung und Verminderung der Umweltverschmutzung, wenn diese Tätigkeit – im Vergleich zur Lage vor Beginn der Tätigkeit – zu einem erheblichen Anstieg der Schadstoffemissionen in die Luft, das Wasser und den Boden führt;

f) gesunde Ökosysteme, wenn diese Tätigkeit den guten Zustand von Ökosystemen in erheblichem Maße schädigt.

Damit ist die Vorgehensweise, wie mit Zielkonflikten innerhalb der Ziele umzugehen ist, klargestellt: Eine Aktivität, die ein Ziel wesentlich fördert, kann andere Ziele beeinträchtigen, solange die Beeinträchtigung nicht erheblich ist. Was genau die Messzahl für „erheblich" ist, wird durch die Richtlinien der Experten in der Taxonomie festgelegt.

Zur zweiten Frage, ob alle Kriterienkategorien, also E und S und G, erfüllt sein müssen, hat sich die EU im letzten Moment umentschieden. Während in allen Entwürfen zur Offenlegungsverordnung die drei Kategorien noch gleichgestellt waren, ist in der Letztfassung eine neue Ordnung eingeführt worden: Aktivitäten sind nachhaltig, sofern sie ein Umweltziel **oder** ein soziales Ziel fördern **und in beiden Fällen** den Prinzipien der guten Unternehmensführung entsprechen.[51]

Artikel 2: Begriffsbestimmungen

Für die Zwecke dieser Verordnung bezeichnet der Ausdruck

17. „nachhaltige Investition" eine Investition in eine wirtschaftliche Tätigkeit, die zur Erreichung eines Umweltziels beiträgt, [...] oder eine Investition in eine wirtschaftliche Tätigkeit, die zur Erreichung eines sozialen Ziels beiträgt [...] vorausgesetzt, dass diese Investitionen keines dieser Ziele erheblich beeinträchtigen und die Unternehmen, in die investiert wird, Verfahrensweisen einer guten Unternehmensführung anwenden [...].

Damit ist eine Hierarchie der ESG Ziele hergestellt: Zum einen sind damit Aktivitäten, die nur den Prinzipien der guten Unternehmensführung allein entsprechen, nicht als nachhaltig definiert. Nehmen wir als Beispiel einen Investmentfonds, dessen ausschließliches Kriterium ist, in Unternehmen zu investieren, die die in der Verordnung als Beispiel angeführten Kriterien der guten Unternehmensführung befolgen: solide Managementstrukturen, Beziehungen zu den Arbeitnehmern, Vergütung von Mitarbeitern sowie Einhaltung der Steuervorschriften. Wenn der Fonds sonst keine Umweltziele oder sozialen Ziele anstrebt, wäre ein solcher Fonds nicht nachhaltig im Sinne der EU-Verordnung.

Zum anderen ist klargestellt, dass es eine Auswahl von einzelnen und/oder eine beliebige Kombination von Umweltzielen und sozialen Zielen geben kann, dass aber in jedem Fall die Governancekomponente berücksichtigt werden muss. Während bei Konflikten unter den Umweltzielen bzw. sozialen Zielen das DNSH-Kriterium gilt, gibt es bei den Governancezielen keine solche Erheblichkeitsgrenze.

Sonstige Ziele: Ethisches Investment

Die internationale Investment-Community hat sich bei der Definition von Nachhaltigkeit größtenteils festgelegt: Die Inhalte der Umwelt- und Sozialaspekte sind weitestgehend durch die 17 SDGs determiniert, die Inhalte der Governance auf Unternehmensebene durch den Global Compact und die G20/OECD Governanceprinzipien. Auch wenn die inhaltliche Ausgestaltung einzelner Ziele nicht immer einhellig ist, decken sie insgesamt doch so gut wie alle Investments ab, die als „nachhaltig“ bezeichnet werden. Auf Basis der aktuell vorliegenden Entwürfe für Richtlinien und Verordnungen in diesem Bereich scheint es auch, dass diese Definitionen auch weiterhin für die Gesetzgebung der Europäischen Union maßgeblich bleiben werden.

Demgegenüber gibt es aber natürlich noch andere ethische Zielsetzungen, die durch Investments abgedeckt werden können. Die Wichtigsten davon betreffen in Europa die christlichen Kirchen.

Die Richtlinie der Österreichischen Bischofskonferenz

Die katholische Kirche hat schon seit der Enzyklika Rerum Novarum aus 1891 eine lange Tradition der katholischen Soziallehre. Dieser wurde unter Papst Franziskus mit der Enzyklika Laudato Si 2015 auch eine katholische Umweltlehre zur Seite gestellt.

Die österreichische Bischofskonferenz hat dementsprechend auch ein Regelwerk zu Investitionen herausgegeben, zuletzt im Januar 2018 mit der „Richtlinie Ethische Geldanlagen".[52] Die darin enthaltenen Leitlinien richten sich in erster Linie an die Einheiten, die Vermögen der Kirche verwalten können, aber natürlich auch von anderen Personen verwendet werden.

Die Richtlinie umfasst vierzehn Seiten klein gedruckte, hervorragende Analysen und Erwägungen zur Frage der ethischen Investition im kirchlichen Rahmen. Selbstverständlich sind auch Umweltfragen in Betracht gezogen und die Richtlinie bezieht sich ausdrücklich auf die Enzyklika Laudato Si. Sie gipfelt in einer detaillierten zweiseitigen Liste von einerseits Kriterien, die zum Ausschluss von Investitionen führen, und andererseits solchen, die im Rahmen eines Best-in-Class-Ansatzes als positiv bzw. negativ zu bewerten sind.

So sind zum Beispiel bei der Umsetzung der kirchlichen Lehre von der Heiligkeit des Lebens Investitionen in Wertpapiere von Staaten, die die Todesstrafe vollziehen, komplett untersagt.[53] Ebenso verhält es sich mit Investitionen in Unternehmen, die Abtreibungsmittel entwickeln, herstellen, vertreiben oder an Abtreibungskliniken beteiligt sind.[54] Außerdem sind, im Zuge der Umsetzung der kirchlichen Umweltlehre Investitionen in Unternehmen, die durch Müllexporte gegen das Basler Übereinkommen zur Kontrolle der grenzüberschreitenden Verbringung gefährlicher Abfälle und ihrer Entsorgung von 1989 verstoßen, ebenso ausgeschlossen wie Staaten und Unternehmen, die Umweltgesetze oder allgemein anerkannte ökologische Mindeststandards oder Verhaltensregeln massiv missachten oder Projekte (zum Beispiel Pipelines, Minen, Staudämme) betreiben, die eine besonders schädliche Wirkung auf die Ökosysteme in der Region haben. In Österreich nicht kontrovers ist der Ausschluss von Unternehmen, die mehr als 10% ihres Umsatzes aus dem Betrieb von Atomkraftwerken erzielen.

Sind Investitionen, die dieser Richtlinie entsprechen, „nachhaltig"?

Zahlreiche der in der Richtlinie angewendeten Ausschlusskriterien und Best-in-Class-Reihungskriterien entsprechen sowohl den Nachhaltigkeitszielen der Agenda 2030 als auch den – bisher beschlossenen – Umweltzielen der EU-Verordnungen. Es ist auch – vorbehaltlich anderer Regelungen für Umweltziele und Governanceziele in den kommenden EU-Verordnungen und Taxonomien – keine positive Reihung von Unternehmen in den Best-in-Class-Kriterien, die offensichtlich gegen ein DNSH-Kriterium verstoßen würde. Darüber hinaus enthalten die ethischen Richtlinien Ausschlusskriterien, die nicht den SDGs oder den bisher genannten EU-Kriterien entsprechen, insbesondere den Ausschluss der Todesstrafe und jenen von Unternehmen, die zu Schwangerschaftsabbrüchen beitragen. An sich sollten solche zusätzlichen Ausschlusskriterien für eine Beurteilung einer Investition als „nachhaltig" nicht schädlich sein. Aus meiner Sicht stellen sich für Investoren und Berater hier allerdings zwei Fragen:

Erstens muss bedacht werden, ob für die Zwecke der EU-Definition Governancekriterien in diesem Katalog ausreichend berücksichtigt wurden. Die Antwort ist vermutlich ja, da der Katalog auch ausdrücklich auf die Arbeitnehmerrechte der ILO-Verträge zurückgreift. Aber diese Frage lässt sich final erst entscheiden, wenn mehr Klarheit über die Definition von Governance in den EU-Verordnungen herrscht.

Die andere Frage betrifft vorwiegend Berater: Das Kriterium „keine Todesstrafe" schließt im Rentenbereich jede Investition in

US-Staatsanleihen aus. Diese Papiere bilden aber mehr als 50% des gesamten Staatsanleihenmarktes.[55] Ich würde mir daher die Frage stellen, ob ein Investor, der Nachhaltigkeit wünscht, einen so umfassenden Ausschluss erwartet hat. Als Berater würde ich diese Frage noch einmal im Detail mit dem Investor erörtern und seine Zustimmung dazu separat festhalten, um spätere Diskussionen zu vermeiden.

Der Leitfaden für ethisch-nachhaltige Geldanlage in der evangelischen Kirche Deutschlands

Eine ganz ähnliche, sehr umfassende Leitlinie hat die Evangelische Kirche in Deutschland für Investments der Kirchen herausgegeben. Im Gegensatz zur Richtlinie der österreichischen Bischofskonferenz stützt sich der Leitfaden ausdrücklich auf die 17 Nachhaltigkeitsziele der Agenda 2030. In einem Anhang findet sich sogar eine Konkordanz zwischen den 17 SDGs und den Ausschlusskriterien für Staatsanleihen bzw. Unternehmenspapieren.[56] In Bezug auf nach diesen Leitlinien angelegte Gelder ist es daher weitestgehend problemlos, sie als nachhaltig im Sinne der SDGs zu bezeichnen.

Ähnlich wie bei den Richtlinien der katholischen Kirche Österreichs stellt sich nur die Frage, ob ein so weitgehender Ausschluss wie jener der US-Treasuries vom Investor, der sich an diese Richtlinien hält, gut verstanden wurde.

Grafik auf der nächsten Seite: Zuordnung der SDGs zu Ausschluss- und Positivkriterien von Unternehmensanlagen sowie verschiedenen Anlageklassen.

Unternehmen
Anlageformen
Unternehmensbeteiligungen (Unternehmensanleihen, Aktien, Beteiligungskapital, Gesellschaftsanteile)
Immobilien
Infrastruktur
Rohstoffe
Agrarinvestments
Themeninvestments
Mikrofinanz
Ausschlüsse
Herstellung Rüstungsgüter/geächtete Waffen
Herstellung Spirituosen
Herstellung Tabakwaren
Betreiben von Glücksspiel
Verletzung der Menschenwürde (Verunglimpfung und Erniedrigung)
Herstellung gentechnisch verändertes Saatgut
Förderung von Kohle, Öl aus Ölsand und Ölschiefer bzw. signifikante Reservehaltung
Verletzung Menschenrechte durch Vertreibung von ihrem bisher genutzten Land
Unterstützung oder Tolerierung menschenunwürdiger Arbeitsbedingungen und Kinderarbeit

	1	2	3	4	5	6	7	8	9	10	11	12	13	14	15	16	17
	X	X	X	X	X	X	X	X	X	X	X	X	X	X	X	X	X
	X						X				X						
			X	X		X	X		X		X				X		
		X															
		X									X				X		
						X	X						X				
	X				X			X		X							
																X	
			X														
			X														
			X														
					X			X									
		X													X		
							X				X		X				
	X	X				X		X		X	X						
	X		X	X	X			X								X	

Mittel: Viele Wege führen zum Ziel

Wir haben nun umfassend die Ziele nachhaltigen Investierens unter der Einteilung E-Environment für Umweltziele, S-Social für soziale Ziele und G-Governance für gute Unternehmensführung analysiert. Als zweiter Schritt muss man nun entscheiden, welche Strategie verfolgt werden soll, um die gesteckten Ziele zu erreichen.

Nehmen wir als Beispiel den Klimaschutz, Sustainable Development Goal 13. Wenn ich beschlossen habe, dass ich Geld investieren möchte, um das Erreichen dieses Ziels zu fördern, was ist dann der nächste Schritt? Genügt es, Kohleproduzenten und Energieunternehmen, die Strom aus Kohle produzieren, aus meinem Portfolio zu entfernen? Oder sollte ich in jene Energieunternehmen investieren, die sich am stärksten für den Klimaschutz engagieren, auch wenn sie einen Teil ihrer Energie (noch) aus Kohle gewinnen? Sollte ich in ein Beteiligungsmodell an einem Windpark investieren? Oder ist es nicht besser sicherzustellen, dass jede meiner Aktien bei den Hauptversammlungen der Unternehmen zugunsten verstärkten Klimaschutzes gestimmt wird?

Alle diese Varianten stehen zur Verfügung, denn parallel zur Diskussion über die Ziele einer nachhaltigen Investition hat sich eine breite Palette an Investitionsstrategien entwickelt. Alle davon werden als „nachhaltig“ benannt, definiert oder verkauft, wenden aber ganz unterschiedliche Strategien an, um Nachhaltigkeitsziele zu erreichen.

Die traditionelle Einteilung der verfügbaren Strategien, die zum Beispiel vom Forum Nachhaltige Geldanlagen[57], dem Fachverband der nachhaltigen Investmentindustrie, oder der Global Sustainable Investment Alliance in ihren Jahresberichten verwendet wird, umfasst sieben Kategorien:

Ausschlusskriterien: *Dieser Ansatz schließt systematisch bestimmte Investments oder Investmentklassen wie Unternehmen, Branchen oder Länder vom Investmentuniversum aus, wenn diese gegen spezifische Kriterien verstoßen.*

Best-in-Class-Anlagestrategie: *Auswahl der besten Unternehmen innerhalb einer Branche, Kategorie oder Klasse, basierend auf ESG-Kriterien.*

Engagement: *Langfristig angelegter Dialog mit Unternehmen, um deren Verhalten bezüglich ESG-Kriterien zu verbessern.*

ESG-Integration: *Explizite Einbeziehung von ESG-Kriterien bzw. -Risiken in die traditionelle Finanzanalyse.*

Impact Investment: *Investitionen in Unternehmen, Organisationen oder Fonds mit dem Ziel, neben finanziellen Erträgen auch Einfluss auf soziale und ökologische Faktoren zu nehmen.*

Nachhaltige Themenfonds: *Investitionen in Themen oder Assets, die mit der Förderung von Nachhaltigkeit zusammenhängen und einen ESG-Bezug haben.*

Normbasiertes Screening: *Überprüfung von Investments nach ihrer Konformität mit bestimmten internationalen Standards und Normen, zum Beispiel dem Global Compact, den OECD-Leitsätzen für multinationale Unternehmen oder den ILO-Kernarbeitsnormen.*

Im deutschsprachigen Raum sind die beliebtesten nachhaltigen Anlagestrategien 2018 wie schon in den Jahren davor Ausschlussstrategien, dahinter rangieren Integration und normbasiertes Screening.

Exclusion

Ausschlusskriterien oder auch sogenannte Exclusion-Strategien sind eine der ältesten Nachhaltigkeitsstrategien. Auch wenn sie inzwischen durch zahlreiche andere ersetzt oder ergänzt worden sind, bilden sie unverändert den Grundbestand der nachhaltigen Strategien. Es gibt kaum als „nachhaltig" bezeichnete Strategien, die nicht gewisse Investments von vornherein ausschließen.

Die Umsetzung einer Ausschlussstrategie ist auf den ersten Blick simpel. Dabei werden einzelne Aktivitäten als „nicht nachhaltig" definiert und Aktien bzw. Anleihen von Unternehmen, die in diesen Bereichen aktiv sind, aus dem Portfolio ausgeschlossen. Dass es jedoch nicht ganz so einfach ist, werden wir weiter unten noch sehen.

Ein klassisches und in so gut wie allen Investmentfonds umgesetztes Beispiel ist der Ausschluss von Unternehmen, die international geächtete Waffen herstellen, sogenannte „controversial weapons". Die typischen Beispiele für solche Waffen sind Streumunition, Antipersonenminen oder biologische und chemische Waffen. Wir haben dieses Thema weiter oben im Bereich der sozialen Ziele besprochen.

Die Umsetzung der Ausschlussstrategie erfolgt durch eine Sperrliste: Das Investmentresearch produziert oder kauft von Beratern eine Liste aller Unternehmen zu, die in die Produktion dieser geächteten Waffen involviert sind. Im nächsten Schritt werden alle Wertpapiere, die von diesen Unternehmen emittiert wurden, seien es Aktien oder Anleihen, erfasst. Diese Liste (typischerweise eine Liste, die nach ISINs, den International Security Identification Numbers, geordnet ist) wird dann in die Investmentsysteme eingegeben und Wertpapiere mit einer ISIN-Nummer, die auf dieser Liste aufscheint, werden aus den Portfolios ausgeschlossen.

Die Beschreibung dieser „Ausschlussstrategie" in den Produktunterlagen enthält dann die simple Erklärung, dass Investments in diesen Gebieten ausgeschlossen sind. So zum Beispiel der Raiffeisen-Nachhaltigkeit-Aktienfonds, der in seinem Prospekt festhält:[58]

Gleichzeitig wird in bestimmte Branchen, wie Rüstung oder grüne/pflanzliche Gentechnik sowie in Unternehmen, die etwa gegen Arbeits- und Menschenrechte verstoßen, nicht veranlagt.

Unumstritten ist ein solcher Ausschluss wohl bei Waffen, deren Herstellung durch UN-Konventionen verboten ist wie bei den oben angeführten Streumunition (verboten von der Oslo Convention on Cluster Munitions), Antipersonenminen (verboten unter der Ottawa Convention on the Prohibition of the Use, Stockpiling, Production and Transfer of Anti-Personnel Mines and on their Destruction) oder biologischen Waffen (verboten unter der Convention on the Prohibition of the Development, Production and Stockpiling of Bacteriological (Biological) and Toxin Weapons and on their Destruction).

Typischerweise behandeln diese Konventionen aber nur die Entwicklung, Produktion und Lagerung von bestimmten Waffen, aber nicht deren Finanzierung. Dazu haben einzelne Staaten innerstaatliche Maßnahmen ergriffen. Am bekanntesten darunter ist Belgien, wo seit 2007 insbesondere auch Investmentfonds die Investition in Wertpapiere von Unternehmen, die Streumunition oder Uranmunition herstellen, verboten sind. Da auch ausländische Investmentfonds, die ihre Fonds in Belgien vertreiben, unter das Verbot fallen, wird das Verbot de facto von allen großen Investmentfonds, die europaweit vertreiben wollen, eingehalten.

Aber so einfach das Prinzip scheint, so schwierig ist es in der Praxis umzusetzen. Schwierigkeiten treten in allen Bereichen auf:

Zum einen ist die Erstellung einer Liste der auszuschließenden Aktivitäten in einem globalen Umfeld extrem schwierig. Durch internationale Konventionen verbotene Aktivitäten (wie biologische Waffen) scheinen klar definiert, doch es gibt eine Unzahl umstrittener Aktivitäten, die nicht ausdrücklich verboten sind, oder deren Verbot nur von einigen, aber nicht allen Staaten unterstützt wird: Munition aus verbrauchtem Uran sind zum Beispiel in der belgischen Gesetzgebung verboten, aber durch keine internationale Konvention ausgeschlossen. Atomwaffen sind ein weites problematisches Feld. Aber auch außerhalb der Waffenproduktion gibt es zahlreiche schwierige Themen, die kulturell bedingte Unterschiede in den Ausschlusslisten aufzeigen: Alkohol, Tabak oder Pornografie sind nur einige der Beispiele die international nicht einheitlich gehandhabt werden.

Selbst wenn die Liste der auszuschließenden Aktivitäten unumstritten ist, ist die Reichweite des Verbots schwierig zu definieren. Klar ist, dass die Produzenten selbst ausgeschlossen sind. In den meisten Fällen sind auch Sublieferanten ausgeschlossen, zumindest wenn sie essenzielle Teile für die verbotenen Investments liefern. Ebenso komplex ist die Frage bei großen Konglomeraten, ob Muttergesellschaften oder anderen Unternehmen in deren Holdingstruktur ebenfalls auszuschließen sind. Dabei kann dann schon die Beteiligung an einer Enkelgesellschaft, die durchgerechnet weniger als einen Bruchteil eines Hundertstel Prozents ausmacht, kontrovers sein. Wie weit diese Diskussionen gehen können, zeigt die „Controversial Weapons Investment Policy" des britischen Investment Managers Blue Bay, der festhält:

> *„Diese Ausschlusspolitik ist nicht anzuwenden auf derivative Produkte oder indirekte Beziehungen wie zum Beispiel Finanzunternehmen, die ihrerseits in diese [ausgeschlossenen] Unternehmen investieren oder ihnen Dienstleistungen anbieten, und schließt ebenfalls nicht die Investition in Unternehmen aus, deren Pensionsfonds in [ausgeschlossene] Unternehmen investiert sind."*

Wie kulturell unterschiedlich das Verständnis von Ausschlusskriterien ist, zeigt ein Vergleich der Top-10-Listen für Deutschland und Österreich:[59]

Die Top Ten der Ausschlusskriterien in Deutschland 2018 (in Milliarden Euro)		
1.	Arbeitsrechtsverletzungen	82,9
2.	Korruption und Bestechung	77.7
3.	Menschenrechtsverletzungen	77.3
4.	Umweltzerstörung	75.3
5.	Kohle	72,8
6.	Waffen und Rüstung	68,4
7.	Tabak	52,2
8.	Kernenergie	40,2
9.	Pornografie	39,8
10.	Alkohol	38,7

Daten: FNG – Forum Nachhaltige Geldanlagen

Die Top Ten der Ausschlusskriterien 2018 in Österreich (in Milliarden Euro)		
1.	Kohle	20,3
2.	Waffen und Rüstung	19,9
3.	Kernenergie	16,2
4.	Menschenrechtsverletzungen	16,1
5.	Arbeitsrechtsverletzungen	16,1
6.	Gentechnik	16,1
7.	Glücksspiel	16,1
8.	Pornografie	16,0
9.	Tabak	16,0
10.	Korruption und Bestechung	14,0

Daten: FNG – Forum Nachhaltige Geldanlagen

Eine globale Renaissance haben reine Exclusion-Kriterien in jüngster Zeit mit der Debatte über Dekarbonisierung in Versicherungsportfolios erlebt. Per Ende 2018 haben schon 19 globale Versicherer mit einem Anlagevolumen von mehr als sechs Milliarden US-Dollar Aktien von Kohleunternehmen sowie von Energieunternehmen, die mehr als einen bestimmten Prozentsatz (typischerweise 30%) ihrer Energie aus Kohle produzieren, aus ihren Investmentportfolios ausgeschlossen.

In der aktuellen Nachhaltigkeitsdiskussion werden Investmentprodukte, die nur eine reine Ausschlusspolitik als Basis ihrer Nachhaltigkeit bieten, oft als ungenügend empfunden. Der Grund dafür ist offensichtlich: Nur die schlimmsten Verstöße auszuschließen, heißt ja noch nicht, dass der Rest des Portfolios einen positiven Beitrag zum Nachhaltigkeitsziel liefert. Ausschlusskriterien als ausschließliches Nachhaltigkeitskriterium, also reine Exclusion-Produkte, sind heute kaum mehr zu finden, aber typischerweise ein zusätzlicher Bestandteil einer breiteren Nachhaltigkeitsstrategie. So finden wir zum Beispiel im Prospekt eines großen globalen Aktienfonds die Regelung:[60]

> *Der Teilfonds hält sich an einen prinzipienbasierten Ausschlussrahmen, der die Grundlage für den Ausschluss bestimmter Emittenten aus seinem Universum der zulässigen Anlagen bildet. Dieser Rahmen umfasst sowohl ein normenbasiertes Screening als auch ein Negativscreening bestimmter Sektoren, Unternehmen oder Arbeitsweisen auf der Grundlage konkreter ESG-Kriterien, die der Investmentmanager von Zeit zu Zeit festlegt. Durch das normenbasierte Screening werden Emittenten ausgeschlossen, die sich nicht so verhalten, dass sie ihrer grundlegenden Verantwortung in den Bereichen Menschenrechte, Arbeit, Umwelt und Korruptionsbekämpfung gemäß den zehn Prinzipien des Global Compact der Vereinten Nationen gerecht werden. Durch das Negativscreening werden Emittenten aus bestimmten*

Einzelproduktkategorien oder Branchen ausgeschlossen, die auf fundamentale Weise nicht nachhaltig oder mit erheblichen Risiken oder Verbindlichkeiten im Zusammenhang mit gesellschaftlichen, ökologischen oder gesundheitlichen Schäden in Verbindung stehen. Zur Veranschaulichung: Hersteller von umstrittenen Waffen (zum Beispiel Landminen, Atomwaffen) werden bei diesem Ausschlusssystem aus dem Anlageuniversum des Teilfonds ausgeschlossen.

Für Sparer und Berater heißt das zusammenfassend, dass sie höchstwahrscheinlich in jedem als nachhaltig bezeichneten Fonds eine Ausschlussliste finden werden. Ob diese Ihren persönlichen Vorlieben entspricht bzw. denen Ihres Kunden, müssen Sie aber im Kleingedruckten nachlesen. Denn die Unterschiede innerhalb des Fondsuniversums und die Auslegungsmöglichkeiten von allgemeinen Begriffen (zum Beispiel „Waffen") sind extrem groß. Und auch eine Ausschlussliste, die speziell gewünschte Gebiete umfasst, wird nicht jede indirekte Beziehung ausschließen können. Es kann also sein, dass in dem Portfolio Banken sind, die Rüstungsunternehmen finanzieren, oder Konzernholdinggesellschaften, die in kleinstem Ausmaß an Rüstungsunternehmen beteiligt sind.

Best in Class

Best-in-Class-Strategien stammen aus der Erkenntnis, dass – auch wenn Nachhaltigkeit ein wichtiger Faktor ist – das Risiko des Portfolios immer noch einen zentralen Fokus des Investmentmanagements bilden muss. Sie sind daher der Versuch, das Fundament der modernen Portfoliotheorie, die Portfoliodiversifikation, mit Nachhaltigkeitskriterien unter einen Hut zu bringen: Dabei werden breit diversifizierte und damit risikoärmere Portfolios gebaut, die – verkürzt gesagt – so nachhaltig wie möglich sind.

Die Moderne Portfoliotheorie (MPT), die Grundlage unserer aktuellen Investmentindustrie, ist erstaunlich jung. Sie gründet sich fundamental auf eine Arbeit von Harry Markowitz, für die er später den Nobelpreis erhielt. In seinem Paper „Portfolio Selection", die Markowitz 1952 im Journal of Finance veröffentlichte, zeigte er, dass Risiko und erwarteter Ertrag eines Portfolios miteinander verknüpft sind. Es ist möglich, „effiziente Portfolios" zu bilden, die für jedes erwartete Ertragsniveau das minimal mögliche Risiko aufweisen bzw. für jedes gegebene Risikoniveau den maximalen erwarteten Ertrag. Dabei veranschaulicht Markowitz, dass ein diversifiziertes Portfolio jedem Einzelinvestment überlegen ist, ganz gleich wie hoch der erwartete Ertrag des Einzelinvestments sein mag. Aufgrund des Diversifikationseffektes gibt es immer ein Portfolio, das den gleichen erwarteten Ertrag bei geringerem Risiko aufweist.

Was bedeutet das für die Nachhaltigkeit? Nehmen wir als Beispiel die Aktie eines Solarstromerzeugers. Für sich allein genommen, ist das ein nachhaltiges Investment. Nehmen wir zusätzlich an, dass die Ertragsaussichten sehr positiv sind. Als Einzeltitel ist die Aktie jedoch sehr riskant: Nicht nur ist sie Risken ausgesetzt, die das Unternehmen selbst betreffen (sogenannte idiosynkratische Risken), sondern auch noch solchen, die das gesamte Segment der Solarstromerzeuger betreffen. Wenn der Ölpreis zum Beispiel stark fällt, wird Solarstrom unattraktiv, weil er dann teurer als Öl ist. Daher wird der Aktienpreis fallen, selbst wenn das Unternehmen selbst keinen Managementfehler macht. Risken, die im Unternehmen selbst liegen, kommen dann noch als Risiko hinzu. Markowitz zeigt, dass es immer ein Portfolio von Unternehmen gibt, deren erwarteter Ertrag gleich hoch wie jener des Solarstromunternehmens ist, aber mit geringerem Risiko. Wenn mehrere Aktien beigemischt werden, wird nicht nur das idiosynkratische Risiko wegdiversifiziert, sondern es kann auch das Segmentrisiko reduziert werden: Als Beispiel könnte man in mehrere Solarstromerzeuger investieren und dazu Fluglinienaktien beimischen:

Die Kosten von Fluglinien sind stark vom Preis des Flugbenzins abhängig. Bei fallendem Ölpreis sinken die Kosten der Fluglinien, daher steigen die Erträge und mit ihnen der Aktienkurs. Genau aus dem gleichen Grund (steigender Ölpreis) fallen die Aktien der Solarstromerzeuger, und so gleichen die Kursgewinne der Luftfahrtaktien die Verluste der Solarstromerzeuger aus. Das Risiko des Aktienportfolios, das jetzt aus zwei Aktienarten besteht, wird erheblich reduziert. Die Problematik dabei ist allerdings, dass Fluglinien als großer CO_2-Produzent nicht nachhaltig sind.

Dieses Problem versuchen Nachhaltigkeitsfonds mit einer Best-in-Class-Strategie zu umgehen: Sie bauen ein breit diversifiziertes Portfolio aus allen Sektoren des Marktes, nehmen allerdings aus jedem Sektor die nachhaltigsten Aktien, die „Best-in-Class"-Aktien des Sektors. Damit kann man ein Markowitz-effizientes Portfolio bauen, das dann eben „so nachhaltig wie möglich" ist.

Aus Sicht des Sparers gilt es bei Best-in-Class-Ansätzen abzuwägen, wie viel zusätzliches Risiko der Investor für wie viel Nachhaltigkeit bereit ist einzugehen. Dabei kommt es auch darauf an, wie genau die Segmente definiert sind, aus denen das Portfolio gebaut ist. Auf Ebene der Abschnitte wie zum Beispiel in der NACE-Klassifizierung werde ich in Abschnitt H „Transport" vermutlich eher Eisenbahnen als Best in Class finden, gehe ich eine Ebene tiefer, wird sich auch eine Luftfahrtaktie (Abschnitt H – Abteilung 51) darunter finden, bei denen auch die Best-in-Class-Aktie vermutlich ein großer CO_2-Emittent sein wird.

Dies zeigt auch unmittelbar die nächste Problemzone der Best-in-Class-Ansätze: Wie wird die Reihung innerhalb der Sektoren durchgeführt? Sehr oft finden sich hier Ansätze, bei denen die Unternehmen nach einer „Nachhaltigkeitskennzahl", die von einem externen Berater übernommen wird, gereiht werden. Diese Kennzahlen sind oft ein Aggregat von vielen einzelnen Nachhaltigkeitsfaktoren und haben alle Nachteile, die der Versuch, viele unterschiedliche Faktoren zu einer einzigen Kennzahl zusammenzuführen, mit sich bringt.

Zusammenfassend sind Best-in-Class-Ansätze für die meisten Sparer ein guter Ansatz. Wer nur in ein paar Investmentfonds investiert, muss sicher sein, dass er kein übermäßiges Risiko eingeht. Das können Best-in-Class-Ansätze liefern. Sofern durch die Segmentauswahl, gegebenfalls durch eine Ausschlussliste, die dann zum Beispiel die Luftfahrt oder kohlebasierte Energieunternehmen ausschließen kann und durch sinnvolle Rankingansätze nicht zu viel Nachhaltigkeit als Preis für die Risikominderung aufgegeben wird, kann dabei Nachhaltigkeit in risikoarme Portfolios umgesetzt werden.

Integration

In der DACH-Region hat sich die ESG-Integration im letzten Jahr als Strategie knapp verdoppelt. Mit über 300 Milliarden so verwaltetem Vermögen reiht sich die ESG-Integration sofort nach Ausschlusskriterien als Strategie ein und hat nur ganz knapp den ersten Platz in der Reihung der Strategien verpasst. Auch die Principles of Responsible Investment (PRI), eine freiwillige Selbstverpflichtung, der inzwischen über 2600 Vermögensverwalter und Investoren mit mehr als 89 Billionen US-Dollar verwaltetem Vermögen beigetreten sind, verlangen von ihren Mitgliedern, dass sie als Erste der sechs Verpflichtungen folgende Zusage machen: „Wir werden ESG-Themen in die Analyse- und Entscheidungsprozesse im Investmentbereich einbeziehen." Die Integration der Nachhaltigkeitskriterien direkt in den Anlageprozess soll vermeiden, dass Nachhaltigkeit erst im Nachgang zur Profitabilität abgeprüft oder als „Tick-the-Box-Exercise" nur zu einer lästigen Pflichtübung neben der scheinbar wichtigeren Profitmaximierung wird.

Tatsächlich ist die Frage, wie Nachhaltigkeitskriterien mit Profitabilitätskriterien in Einklang gebracht werden sollen, einer der zentralen Stolpersteine gewesen, an denen sich die breite Akzeptanz von

Nachhaltigkeit in der Investmentindustrie lange gespießt hat. Dabei hat die Diskussion mehrere Phasen durchgemacht und verschiedene Aspekte dieser Fragestellung beleuchtet.

Die einfachste Frage war, wie denn mit profitablen, aber eindeutig nicht nachhaltigen Unternehmen umzugehen ist: Soll man für ein globales Aktienportfolio die Aktien hochprofitabler Zigarettenproduzenten kaufen? Diese Frage ist relativ simpel durch Ausschlusskriterien zu beantworten. Durch das Erstellen einer klaren Liste solcher wird das Universum, aus dem der Fondsmanager die Titel auswählen kann, reduziert. Je nach Ausschlusskriterien sind dann Zigarettenunternehmen im reduzierten Universum nicht enthalten. Für alle nicht ausgeschlossenen Titel gelten die üblichen Kriterien, nach denen das Fondsmanagement Titel auswählt: Profitabilität, ROI, KGV Price/Book oder jede andere Kombination von finanziellen Kriterien.

Viel komplexer wird die Frage, wie in nicht eindeutigen Fällen vorzugehen ist, etwa wenn zwei Unternehmen nicht von vornherein ausgeschlossen sind. Wie ist zwischen den beiden zu entscheiden, wenn das eine profitabler, aber weniger nachhaltig und das andere nachhaltiger, aber weniger profitabel ist?

In diesem Bereich sind in den letzten Jahren erhebliche Fortschritte gemacht und zahlreiche Modelle entwickelt worden, wie Vermögensverwalter Nachhaltigkeitsaspekte in ihre Investmentprozesse integrieren können. Die theoretische Grundlage vieler dieser Modelle ist die Erkenntnis, dass Nachhaltigkeit kein externer, nicht-finanzieller Faktor ist, sondern einer, der – wenn auch mit gewissen Schwierigkeiten – in die Finanzanalyse und damit die Bewertung integrierbar ist.

Es gibt inzwischen etliche Beispiele für Integration und die PRI führen zahlreiche Fallstudien in ihren Materialien an: Die Ansätze können bei der fundamentalen Aktienanalyse sowohl bei der Berechnung der erwarteten Erträge als auch beim Diskontfaktor ansetzen.

Bei der Berechnung der erwarteten Erträge können Nachhaltigkeitsfaktoren insbesondere durch Szenarioanalysen integriert werden: Ein globaler Vermögensverwalter zeigt zum Beispiel, wie die Auswirkung einer Datenschutzverletzung durch ein Unternehmen, das niedrige Governancewerte aufweist, in den zukünftigen Cashflows modelliert wird und dadurch ein Aktienwert je nach Wahrscheinlichkeit des Eintritts des Szenarios errechnet werden kann.

Ein anderer Vermögensverwalter hat ein Modell eingeführt, durch das sich Nachhaltigkeit über den Diskontfaktor in den Analyseprozess integrieren lässt. Die Überlegung ist, wie folgt:

Der Wert einer Aktie ist, fundamental betrachtet, der Barwert aller zukünftigen Zahlungen, die der Investor aus der Aktie erhält. Die Zahlungsströme sind alle zukünftigen Dividenden. Da diese Zahlungen in der Zukunft liegen, müssen sie auf ihren heutigen Barwert abgezinst werden. Auch in der klassischen Finanztheorie ist anerkannt, dass der Abzinsungsfaktor an das Risiko der zukünftigen Dividenden angepasst werden kann. Je unsicherer die zukünftigen Dividenden, umso höher der Abzinsungsfaktor (und daher umso geringer der Barwert und dadurch umso geringer der Aktienwert). Mangelnde Nachhaltigkeit kann nun als ein Risikofaktor angesehen werden: Schlechte Unternehmensführung, hohes Umweltrisiko, das zu Einbußen durch zukünftige Regulierung führen kann, oder auch nur ein Reputationsrisiko aufgrund von geringer Sozialverträglichkeit können direkt auf Umsatz und Ertrag durchschlagen und rechtfertigen damit einen höheren Abzinsungsfaktor. Damit lässt sich Nachhaltigkeit nicht problemlos in einen Bewertungsprozess integrieren. Ein solches Modell bietet auch eine Lösung für das oben angeführt Problem, wie eine profitable Aktie mit schwacher Nachhaltigkeit mit einer weniger profitablen Aktie, aber besseren Nachhaltigkeitskriterien verglichen werden kann: Über den unterschiedlich abgezinsten Barwert der zukünftigen Dividenden lässt sich ein problemloser und systemkonformer Vergleich herstellen.

Zusammenfassend lässt sich sagen, dass hier vermutlich die Zukunft der Nachhaltigkeitsstrategien liegt. Dies zeigt auch die stark wachsende Beliebtheit dieser Ansätze und die institutionelle Unterstützung durch Einheiten wie das PRI. Die Integration stellt sicher, dass ein einheitlicher Selektionsprozess ohne scheinbar willkürliche Ausschlüsse oder Bevorzugungen angewendet wird. Die Problematik für den Sparer liegt darin, dass es sehr schwer möglich wird, bei integrierten Ansätzen vorherzusagen, welche Werte in einem Portfolio enthalten oder nicht enthalten sein werden. Es kann sein, dass die einzige Aussage, die zu einem Portfolio, das unter einer Integrationsstrategie gemanagt wird, getroffen werden kann, ist, dass „alle finanziellen Auswirkungen von nachhaltigen und nicht nachhaltigen Aspekten bei der Auswahl der Titel berücksichtigt wurden". Das ist schon ein wichtiger Aspekt, mag aber für einige Sparer emotional nicht zufriedenstellend sein. Dann ist einerseits die Kombination mit einer Ausschlussstrategie eine Möglichkeit, mehr Klarheit darüber zu schaffen, was sicher nicht im Portfolio enthalten ist. Zum anderen sind aktivere Strategien wie Engagement oder Thematic Investment eine Lösung.

Engagement

Engagement beruht auf einem fundamental anderen Ansatz. Alle anderen bisher genannten Strategien wie Exclusion, Best in Class oder Integration beruhen darauf, dass der Investor nicht nachhaltigen Unternehmen kein Geld gibt und seine Investition auf nachhaltige Unternehmen konzentriert. Durch den Zufluss an Geld sollen die Kapitalkosten der nachhaltigen Unternehmen gesenkt und ihnen ermöglicht werden, mehr Investitionen und dadurch mehr (nachhaltiges) Wachstum zu erzielen. Im Gegenzug soll nicht nachhaltigen Unternehmen Geld entzogen, wodurch ihre Kapitalkosten erhöht werden, wodurch ihr Wachstum gedrosselt wird.

Die Verfechter einer Engagement-Strategie halten dem entgegen, dass manchmal gerade eine Investition in ein nicht nachhaltiges Unternehmen den größten Effekt zur Förderung der Nachhaltigkeit erzielen kann: Das klassische Beispiel hierzu ist die Förderung einer umweltfreundlichen Technologieinvestition bei einem umweltverschmutzenden Kohlekraftwerk, die den CO_2-Ausstoß des Kohlekraftwerks massiv reduziert. Engagement beruht darauf, die Stimmrechte, die der Investor mit seinen Aktien erwirbt, dafür zu verwenden, eine nachhaltigere Unternehmenspolitik zu fördern bzw. durchzusetzen. Wer in ein Unternehmen nicht investiert ist, argumentieren die Engagement-Verfechter, kann auch dessen Geschäftspolitik nicht beeinflussen.

Gerade große Investoren wie die großen globalen Investmentfonds oder Pensionskassen können hier klare Erfolge dokumentieren. Der Investmentgigant Fidelity International berichtet zum Beispiel, dass das hauseigene ESG-Team im Jahr 2018 Interaktionen mit 786 einzelnen Unternehmen zu ESG-Themen hatte. Diese decken ein breites Spektrum ab: von der Einhaltung der Menschenrechte in der Lieferkette von Textilunternehmen in Südostasien über die Einhaltung globaler Standards bei der Verwendung von Palmöl, bis hin zu Gesprächen mit indischen Unternehmen über bessere Berichterstattung zur Nachhaltigkeit.

Engagement als Nachhaltigkeitsstrategie ist damit im Endergebnis nur die Wahrnehmung ihrer fundamentalen Verantwortung als Aktionäre durch institutionelle Investoren. Diese Verantwortung ist national teils gesetzlich, teils in Selbstverpflichtungsdokumenten festgehalten. In Deutschland gelten für Investmentgesellschaften die Wohlverhaltensregeln des Bundesverbands Investment und Asset Management e.V. (BVI), die in ihrer Regel V. die Stimmrechtsausübung behandeln:[61]

> *V.5.: Die Fondsgesellschaft übt die mit den im Fonds gehaltenen Vermögensgegenständen verbundenen Aktionärs- und Gläu-*

bigerrechte treuhänderisch sowohl im In- als auch im Ausland aus, sofern dies nach Einschätzung der Fondsgesellschaft im Interesse der Anleger ist.

Dabei liegt der Fokus, wie schon im Titel der Regel V. klargestellt wird, auf klassischen Nachhaltigkeitsthemen:

V. Die Fondsgesellschaft übernimmt gesellschaftliche Verantwortung in ökologischen, sozialen Belangen sowie zur guten Unternehmensführung.

Ähnlich verpflichtet sich die österreichische Investmentfondsindustrie im Code of Conduct der Vereinigung Österreichischer Investmentgesellschaften (VÖIG) zur Ausübung ihrer Aktionärsrechte:[62]

III.6. Die VWG [Verwaltungsgesellschaft] übt als verantwortungsvoller Aktionär bei allen Angelegenheiten, die die Interessen ihrer Anleger nachhaltig beeinflussen könnten, das Stimmrecht aufgrund ihrer erstellten Stimmrechts-Policy unabhängig und ausschließlich im besten Interesse der Anleger aus.

Dieses Verhalten der institutionellen Investoren wird auch durch andere rechtliche Entwicklungen gefördert. Im Gefolge der Finanzkrise 2008/09 hatte die Europäische Union beschlossen, die Rechte der Aktionäre zu stärken, und eine Ergänzung bzw. Neufassung der Aktionärsrechterichtlinie auf den Weg gebracht. Im Mai 2017 wurde dann die Richtlinie EU 2017/828 „im Hinblick auf die Förderung der langfristigen Mitwirkung der Aktionäre" in Kraft gesetzt und in den nationalen Gesetzen umgesetzt. Die Richtlinie sieht eine Veröffentlichungspflicht für institutionelle Investoren und Vermögensverwalter vor: Diese müssen die Pflicht entweder befolgen oder öffentlich darlegen, warum sie sich nicht daran halten

(„Comply or explain"). So sieht die Richtlinie in Artikel 3g Mitwirkungspolitik vor:[63]

> *a) Institutionelle Anleger und Vermögensverwalter arbeiten eine Mitwirkungspolitik aus und machen sie öffentlich bekannt […] In der Politik wird beschrieben, wie sie die Gesellschaften, in die sie investiert haben, hinsichtlich wichtiger Angelegenheiten überwachen, auch in Bezug auf […] soziale und ökologische Auswirkungen und Corporate Governance, wie sie Dialoge mit Gesellschaften führen, in die sie investiert haben, wie sie Stimmrechte und andere mit Aktien verbundene Rechte ausüben […].*
>
> *b) Institutionelle Anleger und Vermögensverwalter machen jährlich öffentlich bekannt, wie ihre Mitwirkungspolitik umgesetzt wurde. […] Sie machen öffentlich bekannt, wie sie Stimmen in Hauptversammlungen von Gesellschaften abgegeben haben, an denen sie Aktien halten.*

In Deutschland wird die Richtlinie mit dem Gesetz zur Umsetzung der zweiten Aktionärsrechterichtlinie (ARUG II) umgesetzt, das nach dem Beschluss durch den Bundestag am 14.11.2019 vermutlich Anfang 2020 in Kraft treten wird. In Österreich wurde die Richtlinie in den neuen §§ 185ff. im Börsengesetz umgesetzt. Damit hat der Sparer nun die Möglichkeit, direkt auf der Website des institutionellen Investors oder des Investmentfonds die Engagementpolitik des Investors nachzusehen. Alternativ müsste der Investor – wie das österreichische Börsengesetz formuliert – eine unmissverständliche und mit Gründen versehene Erklärung öffentlich bekanntgeben, warum sie sich dafür entschieden haben, eine oder mehrere dieser Anforderungen nicht zu erfüllen.

Zusammenfassend halten wir fest: Durch das Zusammenwirken von Verhaltenskodizes und gesetzlichen Vorgaben in Umsetzung der

SRD II-Richtlinie wird Engagement für institutionelle Investoren zur allgemeinen Praxis werden. Und durch die Veröffentlichungspflichten der SRD II besteht für die Öffentlichkeit die Möglichkeit, nicht nur die Engagementpolitik, sondern auch deren Umsetzung so gut wie ohne Einschränkungen einzusehen. Damit wird Engagement keine optionale, zusätzliche Strategie für Investmentfonds sondern ein Kernbestandteil verantwortungsvollen Investierens im börsennotierten Bereich. Zusätzlich können dann weitere Strategien, Ausschlusskriterien, Best in Class oder Integration angewendet werden.

Impact

Die klarste Form des nachhaltigen Investments ist Impact Investment. Die Bertelsmann Stiftung verwendet dafür den deutschen Begriff des „wirkungsorientierten Investierens" und definiert es wie folgt:[64]

> *„Wirkungsorientiertes Investieren umfasst Investitionen in wirkungsorientierte Organisationen oder Fonds mit der gezielten Absicht, soziale bzw. ökologische Wirkung sowie eine positive finanzielle Rendite zu erzielen. Die soziale bzw. ökologische Wirkung ist Teil der Investmentstrategie und wird gemessen."*

Es geht daher beim Impact Investment um Wirkung. Die Testfrage lautet: „Wäre diese nachhaltige Wirkung auch eingetreten, wenn ich nicht investiert hätte?"

Im Vergleich zu anderen Formen des nachhaltigen Investierens ist Impact Investment derzeit ein Minderheitenthema. Das Forum Nachhaltige Geldanlagen sieht im gesamten DACH-Markt knapp 29 Milliarden Euro an Impact Investments in einem Gesamtmarkt nachhaltiger Geldanlagen von 474 Milliarden Euro. Dabei verwendet das FNG einen sehr weiten Begriff des Impact Investments. Die

Bertelsmann Stiftung kommt in ihrem „Marktbericht Impact Investment" 2016 in Deutschland überhaupt nur auf ein Gesamtvolumen von 70 Millionen Euro, im Vergleich zu 13 Milliarden Euro, die das FNG 2018 berichtet.

Zwei Haupttypen von Impact Fonds sind schon länger am Markt in Deutschland und Österreich: Mikrofinanzfonds und Beteiligungsmodelle.

Mikrofinanzfonds speisen das Geld der Anleger in Unternehmen die – typischerweise in Entwicklungsländern – Mikrokredite vergeben. Damit fördern diese Fonds direkt eines der Nachhaltigen Entwicklungsziele der UNO Agenda 2030: Ziel 1 (Armut in allen ihren Formen und überall beenden) nennt als Subziel 1.4:

> *1.4 Bis 2030 sicherstellen, dass alle […] Zugang zu […] Finanzdienstleistungen einschließlich Mikrofinanzierung haben.*

Solche Modelle sind allerdings weitestgehend bzw. sehr oft unvereinbar mit der für traditionelle Retail-Investmentfonds (den sogenannten UCITS-Fonds) vorgesehenen täglichen Liquidität, also die Möglichkeit für Sparer, ihr Geld bei Bedarf täglich wieder abzuziehen. Sie sind daher so gut wie immer nicht als traditioneller Investmentfonds strukturiert, sondern in komplexeren Formen, die besser für langfristige Investments geeignet sind. Ein in Deutschland und Österreich tätiger Mikrokreditfonds zum Beispiel bietet Investments in Form von Depositary Receipts an Gesellschaftsanteilen an einer niederländischen Stichting an. Die Anteile können zurückgegeben werden, es besteht allerdings – im Gegensatz zu traditionellen Investmentfonds – keine Verpflichtung zur täglichen Liquidität. Eine solche wäre auch kontraproduktiv, da sie sonst die Investmentgesellschaft zwingen könnte, Geld rasch von den Kreditnehmern zurückzufordern, was genau dem gewünschten Social Impact entgegenstehen würde.

Viele andere Impact Investments sind als Beteiligungsmodelle strukturiert: „Wirkungsorientiertes Investieren", meint dazu ein deutscher Kommentator, „spielt sich zu einem großen Teil am grauen Kapitalmarkt ab. Unternehmensbeteiligungen, Darlehen mit Nachrangabrede, Genussrechte, Namensschuldverschreibungen – das Angebot an Finanzprodukten ist vielfältig. Auch Direktinvestments und Crowdinvesting werden abseits des regulierten Finanzmarktes abgewickelt."[65]

Für ein Teilgebiet der nachhaltigen Investments, dem Social Investment, hat die Europäische Union schon 2013 einen eigenen Fondstyp geschaffen, den European Social Entrepreneurship Fund (EUSEF). EUSEFs unterliegen genauen Regeln in Bezug auf die erlaubten Investitionen, Gewinnverwendung und Publizität.[66] Investiert werden darf nur in ein Unternehmen, das

- *„die Erzielung messbarer, positiver sozialer Wirkungen im Einklang mit seinem Gesellschaftsvertrag oder seiner Satzung als sein vorrangiges Ziel sieht, wobei das Unternehmen*

- *schutzbedürftigen, marginalisierten, benachteiligten oder ausgegrenzten Personen Dienstleistungen oder Güter bereitstellt,*

- *bei der Produktion von Gütern oder der Erbringung von Dienstleistungen ein soziales Ziel verfolgt oder*

- *ausschließlich Sozialunternehmen im Sinne der ersten beiden Gedankenstriche Finanzmittel gewährt."*

Die Verordnung sieht noch weitere Regeln vor, die Investition und Publizität regeln. Aufgrund der beschränkten Handelbarkeit der Investments und dem daher erhöhten Risiko ist der Vertrieb entweder auf professionelle Kunden im Sinne der MIFID-Richtlinie beschränkt, oder auf Investoren, die mindestens 100.000 Euro investieren. Der auch in Österreich zum Vertrieb zugelassene EuSEF Pymwymic Healthy Ecosystems Impact Fund sieht als Mindestinvestment zum Beispiel 1 Million Euro vor.

Impact Investing spielt sich daher aufgrund der benötigten Investmentdauer typischerweise abseits der liquiden, traditionellen Investmentfonds ab. In Österreich zum Beispiel listet die Finanzmarktaufsicht aktuell keinen einzigen österreichischen EuSEF und nur vier ausländische, in Österreich zum Vertrieb zugelassene EuSEFs auf.

In letzter Zeit ist allerdings der Trend zu beobachten, auch traditionelle Investmentfonds, die tägliche Liquidität bieten, als „Impact Investments" zu deklarieren. So findet man zum Beispiel einen globalen Aktienfonds eines internationalen Fondsmanagers, der „Impact" im Namen führt und dessen Anlageziel, wie folgt, definiert wird: „Der Fonds will in Unternehmen investieren, die neben einem finanziellen Ertrag positive soziale und ökologische Wirkungen erzielen."

Als größte Position führt der Fonds ein Investment in der globalen Kreditkartengruppe VISA an. Auch wenn VISA zum Beispiel im Nachhaltigkeitsindex FTSE4Good enthalten ist, ist doch klar, dass VISA vor allem ein kommerzielles Unternehmen ist, das nicht vorrangig messbare Nachhaltigkeitsziele verfolgt. Diese Fonds sind daher vermutlich Nachhaltigkeitsfonds, haben aber wenig mit der üblichen Definition von Impact Investing zu tun. Ebenso sollte klar sein, dass ein Investment in passive ETFs, das neuerdings auch als „Impact" vermarktet wird, nur wenig mit dem bisherigen Verständnis von wirkungsorientierten Investments zu tun hat.

Dieser neue Trend sieht sich scharfer Kritik von einigen Seiten ausgesetzt. So brandmarkt die 2° Investing Initiative, ein Thinktank, diese Entwicklung als „Impact Washing". Die Kritik beruht auf dem fundamentalen Ansatz, dass ein Aktieninvestment in eine börsennotierte Aktie keine „Wirkung" an sich hat. Wer der Inhaber der Aktie ist, meint 2°Investing, macht keinen Unterschied für die Aktivitäten des Unternehmens aus. Ein Aktieninvestment besteht daher den oben beschriebenen Wirkungstest „Wäre diese nachhaltige Wirkung auch eingetreten, wenn ich nicht investiert hätte?“ nicht.

Im Endergebnis ist es wohl eine terminologische Frage, welche Art von Investments man als „wirkungsorientiert“ bezeichnet. Zusammenfassend bleibt Impact Investing (im traditionellen Verständnis des Begriffes) die direkteste Form eines nachhaltgien Investments. Die direkte Zuordnung des Investments zu einem Ziel und die Messbarkeit des Erfolges macht es zum idealen Instrument für Sparer, die ein bestimmtes Nachhaltigkeitsziel verfolgen und sicher sein wollen, dass ihr Geld auch genau zu diesem Ziel beiträgt. Der Preis dafür ist allerdings die typischerweise komplexere Struktur und die mangelnde garantierte Liquidität, wodurch diese Strukturen für die breite Masse der Sparer – wenn überhaupt – nur als kleine Beimischung geeignet sein wird.

Thematic Investment

Was sollen Sparer daher tun, wenn sie in ein bestimmtes Nachhaltigkeitsziel investieren wollen, aber die Mindestinvestitionsgrößen oder das Risiko echter Impact Fonds für sie unattraktiv sind? Eine interessante Zwischenlösung bieten da thematische Nachhaltigkeitsfonds.

Thematische Fonds sind in den letzten Jahren in große Mode gekommen: Sie fokussieren ihre Investments auf ein bestimmtes Thema, das überdurchschnittliches Wachstum oder überdurchschnittlichen Ertrag verspricht. So haben in den letzten Jahren Robotikfonds und Artificial-Intelligence-Fonds, aber auch zum Beispiel Fonds, die auf Konsumgüterproduzenten fokussiert waren, großen Absatz gefunden. Der Vorteil für Vertriebsorganisation liegt bei diesen Fonds vor allem in der Möglichkeit, den Marketingtrend

„Storytelling“ für den Vertrieb von Finanzprodukten zu nutzen. Während die meisten Sparer wenig Interesse für Details eines Investmentprozesses oder der Risikosteuerung eines Fonds aufbringen können, sind Storys über den Siegeszug der Roboter oder die Wunder der künstlichen Intelligenz spannend und halten die Aufmerksamkeit des Sparers.

Die Problematik der Themenfonds liegt meistens in ihrer mangelnden Breite und dem damit einhergehenden hohen Risiko: Robotikfonds sind naturgemäß vorwiegend im Technologiebereich angesiedelt, einem typischerweise wachstumsorientierten und damit volatilerem Segment des Marktes. Damit stellt sich immer das Risiko, das Kunden, die der fundamental richtigen „Story“ über das Wachstum des Robotikmarktes Glauben schenken, zu viel Geld in ein enges und volatiles Marktsegment stecken und mit den – unvermeidlichen – Marktschwankungen dieses Sektors des Aktienmarktes nicht umgehen können.

Im Nachhaltigkeitsbereich war es zuallererst das Wasserthema, das für Themenfonds genutzt wurde. Wasser hat den Vorteil, dass es über eine extrem breite und diversifizierte Wertschöpfungskette verfügt. Das Universum der „Wasserunternehmen“ umfasst das gesamte Spektrum der Segmentrisken: defensive, risikoarme Versorgungsunternehmen, die aufgrund langfristiger staatlicher oder kommunaler Verträge kaum Risken aufweisen, stabile Konsumgüterunternehmen (Wasser in Flaschen), deren globale Brands Erträge und Stabilität versprechen, bis hin zu Hi-Tech Unternehmen wie zum Beispiel im Bereich der Wasserentkeimung. Gleichzeitig bietet das Segment breite Diversifizierung in der Unternehmensgröße, von globalen Konsumriesen bis hin zu Small-Cap-Technologieunternehmen.

Hier hat sich ein neues Nachhaltigkeitsfeld aufgetan, in dem in jüngster Zeit zahlreiche neue Fonds aufgelegt wurden. So gibt es nachhaltige Wasserfonds oder Abfallfonds und jüngst auch

Klimafonds. Die zugrundeliegende Strategie ist unterschiedlich und kann von Best in Class über Ausschlusskriterien bis hin zur Integration reichen.

Meistens sind die thematischen Nachhaltigkeitsfonds auf eines oder mehrere der 17 Ziele der SDGs ausgerichtet. Die Wasserfonds konzentrieren sich zum Beispiel auf das SDG-Ziel 6 („Verfügbarkeit und nachhaltige Bewirtschaftung von Wasser und Sanitärversorgung für alle gewährleisten“) und auf Ziel 14 („Ozeane, Meere und Meeresressourcen im Sinne nachhaltiger Entwicklung erhalten und nachhaltig nutzen“). Abfallfonds sind auf Ziel 12 ausgerichtet: „Nachhaltige Konsum- und Produktionsmuster sicherstellen“ und dabei insbesondere auf Subziel 12.5: „Bis 2030 das Abfallaufkommen durch Vermeidung, Verminderung, Wiederverwertung und Wiederverwendung deutlich verringern.“ Dadurch nähern sich diese Fonds einer Kategorie, die das FNG unter der Überschrift des „Normbasierten Screenings“ zusammenfasst: Fonds, die Unternehmen danach auswählen, ob sie die Erreichung der Ziele bestimmter Normen (wie zum Beispiel der SDGs aber auch des Global Compacts) fördern.

Zusammenfassend kann man sagen, dass nachhaltige Themenfonds für für Sparer eine attraktive Lösung für ein Investment in bestimmte Nachhaltigkeitsthemen bieten, ohne das erhöhte Risiko oder die komplexe Struktur „echter“ Impact Fonds in Kauf nehmen zu müssen.

Zusammenfassung

Die angewandten Strategien zur Umsetzung von Nachhaltigkeitszielen bei Investitionen haben sich in den letzten Jahren massiv verändert: Zusätzlich zu relativ simplen Ausschlusskriterien finden wir jetzt zahlreiche unterschiedliche Best-in-Class-Ansätze mit Integration als stärker werdende Standardmethode. Engagement ist im Begriff, unter dem Druck der europäischen Regulierung von einer eigenen Strategie zu einem Standardbestandteil der Investitionspraxis zu werden. Während echtes Impact-Investing weiterhin weitestgehend auf eigene Strukturen beschränkt bleibt, bieten nachhaltige Themenfonds die Möglichkeit, gezielt einzelne SDGs oder andere Nachhaltigkeitsthemen zu fördern.

Für den einzelnen Sparer ist die Situation durch Veröffentlichungspflichten besser geworden. Darüber hinaus bieten viele Fonds einen Mix an Nachhaltigkeitsstrategien an, die es ermöglichen, viele Ziele unter einen Hut zu bringen. Es bleibt aber immer noch dem Berater oder dem Sparer überlassen, bevor er eine „nachhaltige" Investition auswählt, sich über Kernfragen der Investmentpräferenzen im Klaren zu sein und dann in den Dokumenten des Investmentfonds nachzuprüfen, ob diesen Kriterien entsprochen wird:

- *Gibt es Bereiche, die jedenfalls ausgeschlossen sein sollen? Wenn ja, muss der Fonds eine Ausschlusspolitik haben und es ist zu prüfen, ob diese den Wünschen entspricht;*

- *Ist ein Kompromiss zwischen Nachhaltigkeit und Risiko gewünscht? Wenn ja, dann kann eine Best-in-Class-Strategie angemessen sein, gegebenenfalls in Verbindung mit einer Ausschlussliste, um gewisse Bereiche jedenfalls auszuschließen;*

- *Ist eine nachprüfbare Wirkung das Ziel? Wenn ja, muß anhand des Liquiditätsbedürfnisses und der Risikotoleranz geprüft werden, ob ein Impact Fonds infrage kommt, oder ob ein thematischer Nachhaltigkeitsfonds die bessere Lösung ist.*

- *Gibt es die Bereitschaft, auch in derzeit (noch) nicht nachhaltige Unternehmen zu investieren? Wenn ja, ist die Engagementpolitik (und gegebenenfalls deren Umsetzung) ein Garant dafür, dass Nachhaltigkeit gefördert wird.*

Es gibt daher nicht eine einzige richtige Strategie. Oft wird ein Strategiemix die richtige Lösung für Investoren bieten.

Der kommerzielle Erfolg von Nachhaltigkeitsprodukten mahnt jedoch zur Vorsicht: Die Versuchung ist groß, alte Standardprodukte einfach als nachhaltig zu bezeichnen, was dazu führen wird, dass in den kommenden Jahren vermehrt mit „Greenwashing" zu rechnen ist. Berater und Sparer werden deshalb die Strategien der angebotenen Nachhaltigkeitsfonds genau prüfen müssen.

Regulierung: Die Politik macht Druck auf die Finanzindustrie

Sie oder Ihr Investor haben sich nun auf eines der vielen möglichen Nachhaltigkeitsziele und auf eine Strategie festgelegt. Nehmen wir an, es geht um die Bekämpfung des Klimawandels und die Begrenzung der Erderwärmung durch thematisches Investment mit Ausschlusskriterien.

Als nächster Schritt kommt unweigerlich die Finanzindustrie ins Spiel. Wertpapierfirmen beraten Investoren bei der Umsetzung ihrer Entscheidung, bündeln Investments in investierbare Größen, Banken finanzieren gegebenenfalls ihre Investition. Im Hintergrund finanzieren außerdem Banken die Unternehmen, in die Sie investieren wollen, Investmentbanken organisieren Anleihe- oder Aktienemissionen, um investierbare Instrumente zu schaffen. Die Finanzindustrie steht im Zentrum der Entwicklung zur Nachhaltigkeit.

Diese Erkenntnis ist relativ neu. Um die Jahrtausendwende lag der Fokus noch eindeutig auf der Energie- und Autoindustrie. Dienstleister wie Banken waren weitestgehend auf die (vernachlässigbaren) Auswirkungen ihrer Büroaktivitäten wie die Menge des verbrauchten Kopierpapiers fokussiert. Noch im Jahr 2000 konnte der Geschäftsbericht einer Großbank eine Bilanzsumme von 165 Milliarden Euro verzeichnen, einen Verwaltungsaufwand von 2,2 Milliarden Euro ausweisen und im Kapitel Ökologie als wichtiges Ergebnis auf eine Ersparnis von 400.000 Euro Heizkosten (weniger als 0,02% des Verwaltungsaufwands!) verweisen.[67]

Ökomanagement: Was wir selber tun

In der 1999 gegründeten Stelle Ökomanagement laufen alle betriebsökologischen Aktivitäten der Bank-Austria-Gruppe zusammen. Das Ökomanagement steuert die Verwendung von Betriebs-

mitteln und den Verbrauch von Energie auf Basis wirtschaftlicher und ökologischer Regelkreise. Im Berichtsjahr zählte unter anderem ein Abfallkonzept für zwölf Gebäude des Konzerns zu den erfolgreich umgesetzten Projekten der Stelle. Durch Konzentration auf nur wenige Entsorgungspartner konnten die Abfallströme optimiert und Kosteneinsparungen von bis zu 10% erzielt werden.

Im Jahr 2000 wurden Projekte zur Reduzierung von Fernwärmekosten im [...]-Hauptgebäude und zur Senkung der Stromkosten sehr erfolgreich durchgeführt. Die erzielte Einsparung liegt bei rund 0,4 Millionen Euro. Allein im [...]-Gebäude [...] konnten die Kosten um ca. 20% reduziert werden. Die vom Team Ökomanagement nach VfU-Standard (Verein für Umweltmanagement der Finanzdienstleister) ermittelten Kennzahlen für Strom, Wasser, Abfall, Papier etc. werden mit internationalen Unternehmen verglichen (Benchmarking) und stellen somit ein Instrument dar, um Rationalisierungs-, Qualitäts- und Leistungssteigerungspotenziale aufzudecken.

Die Rolle der Finanzindustrie als unerlässlicher Partner im Wandel hin zu einer nachhaltigen Wirtschaft wurde weitestgehend ignoriert oder missverstanden. Das hat sich grundlegend geändert. Die Industrie findet sich in einem Hagel von neuen Gesetzen, Richtlinien, Verordnungen und Veröffentlichungsvorschriften vonseiten der Aufsichtsbehörden und steht gleichzeitig unter dem Druck der Aktionäre, die über Hauptversammlungsresolutionen mehr Nachhaltigkeit einfordern. Falls Sie Berater sind, gehören Sie vermutlich auch zu denen, die unter der Last der neuen Vorschriften für die Finanzindustrie stöhnen.

Einleitung: Umleitung der Finanzströme und Risikomanagement

Woher kommt diese Flut an Aktivitäten? Es sind vor allem zwei Entwicklungen, die den Wandel ausgelöst haben:

Zum einen wurden verstärkt jene Aktivitäten geplant, die notwendig sein werden, um die globale Wirtschaft in Richtung Nachhaltigkeit zu verändern. Mit fortschreitender Planung und umfassenderen Studien wurde klar, dass die benötigten Summen nicht nur enorm in absoluten Zahlen sind, sondern auch die Finanzkraft der Staaten bei Weitem übersteigen. Damit ist die **Rolle der Finanzwirtschaft für die Finanzierung des Wandels** klarer geworden und ins Zentrum der Aufmerksamkeit gerückt.

Zum anderen hat sich aber auch, insbesondere im Bereich des Klimawandels, eine neue Erkenntnis durchgesetzt: Selbst wenn wir die Erderwärmung auf 2 °C begrenzen (wie im Klimavertrag von Paris als Obergrenze festgelegt), wird der Klimawandel erhebliche Risken mit sich bringen. Diese Risken könnten, wenn sie nicht richtig erfasst und gemanagt werden, eine zweite globale Finanzkrise auslösen. Damit ist die **Aufgabe der Finanzwirtschaft als Risikomanager des Wandels** erkannt worden. Diese beiden Themen, Finanzierung und Risikomanagement, stehen im Zentrum der neuen Regulierung.

Für Unternehmen und Berater in Österreich und Deutschland ist es vor allem die **Europäische Union** als Gesetzgeber, die hier maßgeblichen Einfluss hat. Wir werden uns daher mit den europäischen Entwicklungen, dem europäischen Green Deal und dem Aktionsplan Nachhaltige Finanzierung auseinandersetzen. Für Berater ist dies unerlässlich, um zu verstehen, welche neuen Pflichten auf sie zukommen; für Sie als Investoren, um zu verstehen, was für Themen Ihr Berater mit Ihnen besprechen sollte. Darüber hinaus gibt es aber weiterhin **lokale Entwicklungen.** Wir werden uns insbesondere das Phänomen der Labels, mit denen nachhaltige Produkte ausgezeichnet werden, näher ansehen. Beide Entwicklungen, auf europäischer Ebene und in den einzelnen Ländern, sind aber ohne das **globale Umfeld** nicht verständlich. Denn viele der europäischen Initiativen sind eine Umsetzung von globalen Vorgaben oder Initiativen. Darüber hinaus beeinflussen globale Entwicklungen laufend europäische Initiativen: die 17 SDGs der Agenda 2030, die Nachfolgekonferenzen der UNFCC, die Berichte des IPCC, die Normen der TCFD oder der GRI – all diese Akronyme sind wichtig für das Verständnis der europäischen Entwicklungen.

Global

Im Zentrum der globalen Entwicklungen zur Nachhaltigkeit stehen die Vereinten Nationen. Das kommt überraschend für jene, die von der UN nur den blockierten Sicherheitsrat und die formalisierten Debatten der Hauptversammlung kennen. Außerhalb der friedenserhaltenden Aufgabe der UN steht aber ein riesiger Apparat an Organisationen, Teilorganisationen, Programmen, Sekretariaten und Konferenzen, die nicht immer im Zentrum der Aufmerksamkeit stehen.[68]

Die Agenda 2030 und die 17 Ziele Nachhaltiger Entwicklung

Das sichtbarste Ergebnis der Arbeit der Vereinten Nationen auf dem Gebiet der Nachhaltigkeit sind zweifelsohne die 17 Ziele für nachhaltige Entwicklung. Einen (kleinen) Beitrag zu dieser Sichtbarkeit liefert sicher auch die hervorragende grafische Gestaltung der Ziele und der dazugehörigen Logos. Aber auch abgesehen von der Grafik, sind die Ziele inzwischen die Basis für die gesamte Nachhaltigkeitsdiskussion auf globaler Ebene geworden: Es finden sich so gut wie keine Maßnahmen im Nachhaltigkeitsbereich, die sich nicht auf die 17 Nachhaltigkeitsziele beziehen. Ebenso gibt es so gut wie keine Agenda in diesem Bereich, die ihre Legitimität nicht aus der Förderung von einem oder mehreren der 17 Ziele bezieht.

Wir haben die Ziele und ihre Inhalte schon weiter oben in Kapitel 1 besprochen. Wir wollen jetzt kurz die Entstehungsgeschichte und vor allem die Fortwirkung der Ziele in der aktuellen Diskussion besprechen. Denn aus der Beurteilung der Zielerreichung durch die verschiedenen Organe der Vereinten Nationen ergibt sich der weitere Handlungsplan auf globaler Ebene.

ZIELE FÜR NACHHALTIGE ENTWICKLUNG

Die Agenda 2030 und die in ihrem Zentrum stehenden 17 Ziele für nachhaltige Entwicklung[69] sind das Ergebnis einer knapp 20-jährigen Entwicklung seit 1992. Im Zentrum dieser steht die Hauptabteilung „Wirtschaftliche und Soziale Angelegenheiten“ der UNO (UN Department of Economic and Social Affairs – UNDESA), deren Aktivitäten in Kapitel IX der UN-Charta begründet sind:[70]

Kapitel IX – Internationale Zusammenarbeit auf wirtschaftlichem und sozialem Gebiet

Artikel 55

Um jenen Zustand der Stabilität und Wohlfahrt herbeizuführen, der erforderlich ist, damit zwischen den Nationen friedliche und freundschaftliche, auf der Achtung vor dem Grundsatz der Gleichberechtigung und Selbstbestimmung der Völker beruhende Beziehungen herrschen, fördern die Vereinten Nationen

a) die Verbesserung des Lebensstandards, die Vollbeschäftigung und die Voraussetzungen für wirtschaftlichen und sozialen Fortschritt und Aufstieg;

b) die Lösung internationaler Probleme wirtschaftlicher, sozialer, gesundheitlicher und verwandter Art sowie die internationale Zusammenarbeit auf den Gebieten der Kultur und der Erziehung;

c) die allgemeine Achtung und Verwirklichung der Menschenrechte und Grundfreiheiten für alle ohne Unterschied der Rasse, des Geschlechts, der Sprache oder der Religion.

Ein zentrales Instrument für die Umsetzung dieser Ziele sind Konferenzen, die das UNDESA ausrichtet, um die Ziele der ökonomischen und sozialen Entwicklung abzustimmen und weltweit gemeinsame Ziele zu setzen. Der Ausgangspunkt der aktuellen Entwicklung war 1992 der Earth Summit in Rio de Janeiro, bei dem von 178 Staaten die **Agenda 21** beschlossen wurde. Die Agenda 21 setzte in 40 Kapiteln Ziele, Maßnahmen und Initiativen für die Bereiche Entwicklung und Umwelt für das 21. Jahrhundert. Ein interessanter Aspekt der Agenda 21 war die Förderung von lokalen Umsetzungsinitiativen („Think Global, Act Local!"). Auf deren Basis gibt es weiterhin noch lokale Agenda-21-Initiativen in Ländern, Städten und Gemeinden sowohl in Deutschland als auch in Österreich.

Das zentrale Nachfolgedokument für die Agenda 21 waren die im Jahr 2000 beschlossenen **Millenniumsziele** (die Millennium Development Goals – MDGs). Ähnlich der oben schon beschriebenen Struktur der neuen 17 SDGs, hatten die acht Millenniumsentwicklungsziele jeweils detaillierte Unterziele (die 21 „Targets") mit messbaren Zielsetzungen (insgesamt 60 Indikatoren) und Ablaufdaten (typischerweise bis 2010 oder 2015).[71]

Die acht Millenniumsentwicklungsziele

1.) Beseitigung von extremer Armut und Hunger

2.) Grundschulbildung für alle Kinder

3.) Gleichberechtigung der Geschlechter und Ermächtigung der Frauen

4.) Senkung der Kindersterblichkeit

5.) Verbesserung der Gesundheit der Mütter

6.) Bekämpfung von HIV/Aids, Malaria und anderen Krankheiten

7.) Gewährleistung ökologischer Nachhaltigkeit

8.) Schaffung einer globalen Partnerschaft im Dienste der Entwicklung

Im letzten Bericht über die Zielerreichung der Millennium Goals, dem Millennium Development Goals Report 2015, konnte der damalige Generalsekretär der Vereinten Nationen Ban Ki-Moon über Erfolge berichten.[72] „Die Millennium Development Goals sind", sagte er, „das erfolgreichste Armutsbekämpfungsprogramm der Geschichte." Und tatsächlich konnten während der Laufzeit der MDGs das Ziel, die extreme Armut zu halbieren, erreicht werden. Die Anzahl der Menschen, die weniger als einen Dollar pro Tag zur Verfügung hatten, konnte um mehr als eine Milliarde Menschen reduziert werden. Trotzdem gelten die Millennium Goals nicht als uneingeschränkter Erfolg: Ein Großteil des Erfolges im Bereich der Armutsbekämpfung ist auf die explosionsartige Wirtschaftsentwicklung in China zurückzuführen. Bei mehreren der anderen sieben Ziele wurden außerdem weniger Fortschritte erzielt als erhofft.[73]

Der Bericht vermerkt auch, dass viele der Ziele noch ihrer Erfüllung harren. Gleichzeitig kann der Bericht aber auch darauf verweisen, dass die **Struktur** der MDGs extrem erfolgreich war. Zum einen war die internationale Kooperation zur Erreichung der Ziele, so der Bericht, unerlässlich. Zum anderen war vor allem die Festlegung messbarer Ziele mit eigenen Indikatoren im Vergleich zur Agenda 21 ein Schlüssel zum Erfolg. So vermerkt der Bericht:[74]

> *„The monitoring of the MDGs taught us that data are an indispensable element of the development agenda. What gets measured gets done.“*

Mit dem Auslaufen der Millennium Development Goals 2015 bestand der Bedarf an neuen Zielen. Der Prozess dafür wurde 2012, 20 Jahre nach dem ersten Earth Summit 1992, wiederum in Rio de Janeiro bei der sogenannten Rio+20 Konferenz gestartet. Die Konferenz beauftragte zuerst den Bericht einer hochrangigen Expertengruppe. Auf Basis dieses Berichts wurde dann die Agenda 2030 für Nachhaltige Entwicklung mit den 17 SDGs erarbeitet, die dann bei dem UN Sustainable Development Summit in New York im September 2015 von allen Staaten der UN beschlossen wurde.

Die SDGs unterscheiden sich insofern von den MDGs, als sie – wie wir oben auch schon erwähnt haben – die Entwicklungsziele umfassend verstehen und die gegenseitige Abhängigkeit der Ziele unterstreichen.

„Ohne die Armut zu beenden, können wir keinen Wohlstand erreichen, zu viele Menschen werden zurückgelassen. Ohne Wohlstand können wir die Umweltprobleme nicht angehen, wir müssen massive Investitionen in neue Technologien mobilisieren, um den Fußabdruck nicht nachhaltiger Produktions- und Konsumgewohnheiten zu reduzieren. Ohne nachhaltige Umwelt können wir die Armut nicht beenden, die Armen sind zu stark von Naturkatastrophen und der laufenden Verschlechterung von Meeren, Wäldern und Böden abhängig",[75] sagt das High Level Panel of Eminent Persons in seinem Bericht an die UN.

Gleichzeitig wurden die Lehren aus dem Erfolg der Millennium Development Goals für die Sustainable Development Goals genutzt. Wie die MDGs haben die SDGs klare Unterziele und messbare Indikatoren. Außerdem wurde die institutionelle Unterstützung gestärkt: Als eigene Abteilung der Hauptabteilung für Ökonomisches und Soziales werden die SDGs von der Sustainable Goals Division der UNDESA unterstützt und koordiniert. Die Zielerreichung der SDGs wird nicht nur in einem jährlichen Bericht überprüft und festgehalten, sondern auch in einer jährlichen Konferenz, dem High Level Political Forum on Sustainable Development, öffentlich erörtert. Die Sustainable Development Goals sind durch diese Maßnahmen (und vermutlich auch durch die öffentliche Aufmerksamkeit auf die Klimakrise) zu einem wesentlichen Faktor in der internationalen Entwicklungs- und Nachhaltigkeitsdiskussion geworden. Trotz alledem ist der Erfolg noch überschaubar. Im Sustainable Development Goals Report 2019 kann der aktuelle UN Generalsekretär António Guterres auf einige Erfolge hinweisen:[76]

„Extreme poverty has declined considerably, the under-5 mortality rate fell by 49 per cent between 2000 and 2017, immunizations have saved millions of lives, and the vast majority of the world's population now has access to electricity. Countries are taking con-

crete actions to protect our planet: marine protected areas have doubled since 2010; countries are working concertedly to address illegal fishing.“

Trotzdem bleiben zahlreiche der SDGs außer Reichweite. Insbesondere im Bereich des Klimawandels vermerkt der Bericht, dass auf Basis der derzeit angestrebten nationalen Beiträge zu den globalen Klimazielen (den national festgelegten Ziele oder Nationally Determined Contributions – NDCs) das Ziel des Pariser Klimaabkommens weit verfehlt werden wird.[77]

„Unprecedented changes“, sagt der Bericht, „in all aspects of society will be required to avoid the worst effects of climate change.“[78]

GHG-Emissionen bei Implementierung der aktuellen national festgelegten Beiträge (NDCs) und bei anderen Szenarien (in Gt CO e p.a.)

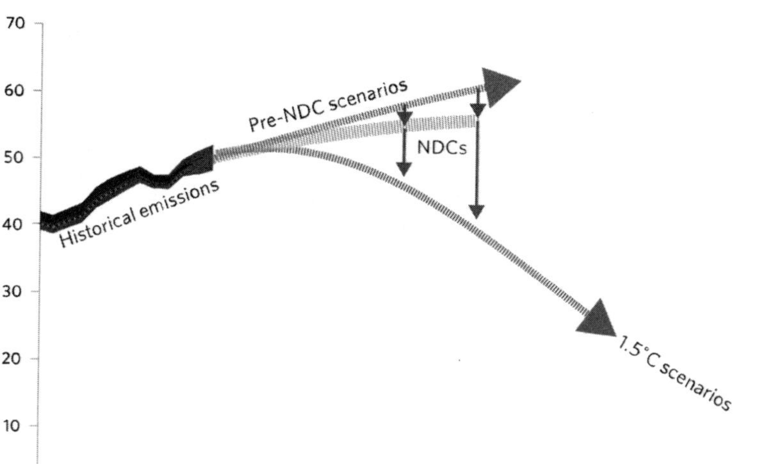

Das jährliche High-level Political Forum on Sustainable Development vom 7. bis 16. Juli in New York 2020 (HLDF 2020) wird damit ein extrem wichtiges Forum werden, um die Zukunft der SDGs zu bestimmen.

Die UNFCCC und ihr Nachfolgeabkommen, das Klimaabkommen von Paris

Der Klimawandel ist eigentlich, wie dic Fußnote zum SDG 14 vermerkt, in der Zuständigkeit und dem Fokus eines anderen UN Programms: dem 1972 gegründeten UNEP, das United Nations Environment Programme, das hier maßgeblich die Entwicklung prägt und vorantreibt. Mit knapp 560 Millionen US-Dollar Ausgaben im Jahr 2018 ist UNEP klein im Verhältnis zu den Friedenserhaltenden Missionen mit knapp acht Milliarden US-Dollar, aber trotzdem ein unverzichtbarer Faktor in der Nachhaltigkeitsentwicklung.

UNEP beschreibt sich selbst wie folgt:

> *„Das Umweltprogramm der Vereinten Nationen (UNEP) ist die weltweite Autorität in Umweltfragen, die die globale Umweltagenda festlegt, die kohärente Umsetzung der Umweltdimension der nachhaltigen Entwicklung innerhalb des Systems der Vereinten Nationen fördert und ist der maßgebliche Anwalt für die globale Umwelt.“*[79]

UNEP produziert Berichte, organisiert Projekte und stellt das Sekretariat für viele internationale Konventionen in deren Rahmen die Organisation und Verwaltung der Konventionen erfolgen. Im Rahmen des UNEP wurden die meisten wichtigen Umweltkonventionen vorbereitet und abgeschlossen.

Die aus Sicht des Klimaschutzes wichtigste darunter ist die schon 1992 beschlossene Rahmenkonvention gegen den Klimawandel, die UN Framework Convention on Climate Change – UNFCCC.

Die UNFCCC wurde 1992, ebenfalls anlässlich des Rio Earth Summit, auf dem die Agenda 21 beschlossen wurde, zur Unterzeichnung aufgelegt und trat 1994 in Kraft. Aktuell haben alle 196 Staaten der UNO sowie die EU (als 197. Unterzeichner) die Konvention unterzeichnet bzw. ratifiziert. Ziel der UNFCCC ist es, „die Stabilisierung der Treibhausgaskonzentrationen in der Atmosphäre auf einem Niveau zu erreichen, auf dem eine gefährliche anthropogene Störung des Klimasystems verhindert wird."[80] Die UNFCCC sieht die Erstellung nationaler Verzeichnisse der Treibhausgasemissionen vor und schreibt vor, dass jede Vertragspartei nationale Politiken und Maßnahmen entwickelt, um die angestrebte Stabilisierung der THG-Emissionen zu erreichen.

Zur Fortentwicklung der Konvention schafft die UNFCCC eine jährliche Conference of the Parties – COP (Konferenz der Vertragsparteien). Die jährlich zusammentretende Konferenz „als oberstes Gremium dieses Übereinkommens überprüft in regelmäßigen Abständen die Durchführung des Übereinkommens und aller damit zusammenhängenden Rechtsinstrumente" (Artikel 7). Die jährlichen COPs haben zu zwei wichtigen Weiterentwicklungen der UNFCCC geführt, aber auch – besonders in jüngster Zeit – klare Misserfolge gebracht.[81]

Kyoto (COP 3) und Paris (COP 21)

Auf der dritten Nachfolgekonferenz in Kyoto (COP3) wurde das Kyoto-Protokoll verabschiedet, das bahnbrechende Erfolge enthielt. Zum einen wurden zum ersten Mal rechtsverbindliche Begrenzungs- und Reduzierungsverpflichtungen für die Industrieländer beschlossen. Zum anderen wurden die sogenannten „Kyoto-Mechanismen" beschlossen, die es Industrieländern erlauben, einen Teil ihrer Reduktionsverpflichtungen im Ausland zu erbringen. Dazu zählt insbesondere der internationale Emissionshandel: Industrieländer können Über- oder Untererfüllung der Kyotoziele dadurch ausgleichen, dass sie entsprechende Zertifikate bei Übererfüllung verkaufen oder bei Untererfüllung kaufen. Der Preis der Zertifikate wird durch den Markt festgelegt.

Auf der 21. Nachfolgekonferenz in Paris (COP 21) wurde schließlich das Pariser Klimaabkommen verabschiedet. Das Pariser Abkommen war ein Durchbruch in zweifacher Hinsicht. Zum einen wurde die vage Zielsetzung der UNFCC konkretisiert: Das Ziel ist nun, die Erderwärmung auf deutlich unter 2 °C, idealerweise auf 1,5 °C, über dem vorindustriellen Niveau zu begrenzen. Zum anderen wurden auch die Entwicklungsländer (und nicht nur die Industrieländer wie im Kyoto-Protokoll) in die Pflicht zur Reduktion der Treibhausgasemissionen eingeschlossen und somit eine weltweite Anstrengung initiiert. Die Beiträge der einzelnen Staaten wurden nicht festgesetzt, sondern werden von den Staaten freiwillig übernommen: Die sogenannten Nationally Determined Contributions werden allerdings zentral eingemeldet und überprüft. Alle fünf Jahre, zum nächsten Mal 2020, sind die Staaten aufgefordert, ihre Beiträge zu überprüfen und deutlich zu erhöhen.

Die USA sind zwar eine Partei der UNFCCC, haben aber das Kyoto-Protokoll nie unterzeichnet und sind 2017 aus dem Pariser Klimaabkommen ausgetreten. Damit ist ein Ausschlusskriterium für Investments, das man manchmal findet, die „Nicht-Ratifizierung der UN-Klimakonvention und des Pariser Abkommens zur Treibhausgasreduktion von 2015"[82], nicht sehr hilfreich. Da die USA weiter eine Partei der UNFCCC sind, sind sie durch dieses Kriterium nicht ausgeschlossen.

Katowice (COP 24) und Madrid (COP 25)

Im Gegensatz zu Paris sind die seitherigen Konferenzen enttäuschend verlaufen. Während in Katowice (COP 24) zumindest ein Regelbuch verabschiedet werden konnte, gilt Madrid (COP 25) als uneingeschränkter Misserfolg. Hohe Erwartungen werden daher in die nächste Konferenz, COP 26, in Glasgow gesetzt.

Das IPCC

Die Rolle des UN Environment Programme (UNEP) erschöpft sich aber nicht nur in der Administration der UNFCCC und ihrer Folgekonferenzen. Eine der gewichtigsten Institutionen im Rahmen des UNEP ist das 1988 gemeinsam von UNEP und der Welt-Meteorologie-Organisation (WMO) gegründete Intergovernmental Panel on Climate Change, das IPCC. Das IPCC hat im Rahmen der Vereinten Nationen die Aufgabe, den Stand der Wissenschaft über den Klimawechsel zu erfassen und zu bewerten. Das IPCC führt also keine eigene Forschung durch, sondern bewertet nur wissenschaftliche Arbeiten und stellt fest, wo Übereinstimmung herrscht, oder wo weitere Forschung notwendig ist, um klare Aussagen treffen zu können. Auf der Basis dieser Bewertungen erstellt das IPCC Berichte, Handlungsoptionen und Empfehlungen für die Staaten.

Insbesondere der Zwischenbericht des IPCC vom Oktober 2018 „Global Warming of 1,5 °C“ war extrem einflussreich. In diesem Bericht wurde festgehalten, dass

(a) ein hoher Unterschied in den Auswirkungen zwischen 1,5 °C und 2 °C Erderwärmung besteht,

(b) die Erreichung von 1,5 °C Erwärmung nur unter Einsatz von CCS (Carbon Capture and Storage)-Technologien möglich sein wird und

(c) eine Begrenzung auf 1,5 °C Erderwärmung eine Reduktion der THG-Emissionen auf Netto Null per 2050 erfordert.

Dieses Ziel wurde nun von der EU im EU Green Deal übernommen.

Der UN Global Compact und andere UN-Dokumente

Wir haben weiter oben die 17 Sustainable Development Goals (SDGs) als das Herzstück der Ziele für nachhaltigen Entwicklung beschrieben. Diese Position ergibt sich auch daraus, dass alle 196 Staaten der UN den 17 SDGs (als Teil der Agenda 2030) zugestimmt haben. Diese Legitimität verankert die 17 SDGs aber damit auch gleichzeitig klar auf der staatlichen Ebene. Auch die Formulierungen der SDGs zeigen, dass sie weitgehend den staatlichen Bereich als Ansprechpartner sehen. Damit scheint eine Kluft zwischen den staatlichen Entwicklungszielen und den Unternehmen, die diese Entwicklungsziele tragen und umsetzen sollten, zu entstehen. Um diese Kluft zu überbrücken, wurde der UN Global Compact ins Leben gerufen.

Der UN Global Compact ist ein Selbstverpflichtungsmechanismus für Unternehmen. Er hat eine Infrastruktur im Rahmen der UN – er ist dem EOSG, dem Exekutivbüro des Generalsekretärs zugeordnet und der UN-Generalsekretär ist der Vorsitzende des UN Global Compact Boards – und hat inzwischen mehr als 85 lokale Netzwerke weltweit. Das Ziel des Global Compacts sind die Förderung und Umsetzung der 17 SDGs durch Unternehmen.

Derzeit hat der Global Compact mehr als 9.500 Unternehmen in mehr als 160 Ländern als Mitglieder (in Österreich zum Beispiel Post AG, Wienerberger, OMV oder Verbund sowie die meisten Großbanken; in Deutschland zum Beispiel BMW, Siemens, Daimler, SAP, Heidelberger Zement, Bosch oder RWE).

Die Partner verpflichten sich zur Einhaltung von zehn Prinzipien:[83]

Zehn Prinzipien des Global Compact:

Menschenrechte

Prinzip 1: *Unternehmen sollen den Schutz der internationalen Menschenrechte innerhalb ihres Einflussbereichs unterstützen und achten und*

Prinzip 2: *sicherstellen, dass sie sich nicht an Menschenrechtsverletzungen mitschuldig machen.*

Arbeitsnormen

Prinzip 3: *Unternehmen sollen die Vereinigungsfreiheit und die wirksame Anerkennung des Rechts auf Kollektivverhandlungen wahren sowie ferner für*

Prinzip 4: *die Beseitigung aller Formen der Zwangsarbeit,*

Prinzip 5: *die Abschaffung der Kinderarbeit und*

Prinzip 6: *die Beseitigung von Diskriminierung bei Anstellung und Beschäftigung eintreten.*

Umweltschutz

Prinzip 7: Unternehmen sollen im Umgang mit Umweltproblemen einen vorsorgenden Ansatz unterstützen,

Prinzip 8: Initiativen ergreifen, um ein größeres Verantwortungsbewusstsein für die Umwelt zu erzeugen, und

Prinzip 9: die Entwicklung und Verbreitung umweltfreundlicher Technologien fördern.

Korruptionsbekämpfung

Prinzip 10: Unternehmen sollen gegen alle Arten der Korruption eintreten, einschließlich Erpressung und Bestechung.

Damit setzt der Global Compact viele der Ziele der SDGs direkt in eine für Unternehmen umsetzbare Verpflichtung um. Wirkung entfaltet der Global Compact insbesondere durch die Verpflichtung der Mitglieder, jährlich über die Umsetzung der zehn Prinzipien in ihren Unternehmensberichten und auf der Website des UNGC zu veröffentlichen. Unternehmen, die mehr als zwei Jahre nicht berichten, werden aus dem UNGC ausgeschlossen.

Berichte können zum Beispiel wie folgt aussehen:[84]

Prinzipien	Prinzipien des UN Global Compact	Seite
Prinzip 1 Unterstützung der Menschenrechte **Prinzip 2** Ausschluss von Menschenrechts-verletzungen **Prinzip 3** Wahrung der Vereinigungsfreiheit **Prinzip 4** Abschaffung aller Formen von Zwangsarbeit **Prinzip 5** Abschaffung der Kinderarbeit	Der Achtung und Wahrung der Menschenrechte in unserem Unternehmen und seinem Umfeld messen wir höchste Bedeutung zu. Für uns als Automobilhersteller stehen die Arbeitnehmerrechte, gerechte Arbeitsbedingungen sowie die Absage an jede Form der Diskriminierung und an Zwangs- und Kinderarbeit im Vordergrund. Die Verantwortlichkeit für Menschenrechtsfragen haben wir in unserem Konzernvorstand im Ressort Integrität und Recht verankert und legen auch in unserer Governancestruktur für Nachhaltigkeit ein besonderes Gewicht auf dieses Thema. Mit unserem Human Rights Respect System wollen wir dabei Menschenrechtsfragen sowohl bei Daimler-Mehrheitsbeteiligungen wie auch in der Zulieferkette adressieren.	**Prinzip 1** Vorwort Strategie Menschenrechte **Prinzip 2** Menschenrechte **Prinzip 3** Menschenrechte **Prinzip 4** Menschenrechte **Prinzip 5** Ökobilanz Mercedes-Benz eCitaro Solobus Menschenrechte
Prinzip 6 Vermeidung von Diskriminierung	Um in Einstellungsprozessen eine geschlechtsspezifische oder andere Diskriminierung auszuschließen, orientiert sich die fixe Grundvergütung an der Funktion und Ebene. Dem gleichen Ziel dienen bei der regelmäßigen Einkommensüberprüfung Dokumentationspflicht, Mehraugenprinzip und ein zentrales HR-System, das für Transparenz sorgt. Unsere internen Einkommensüberprüfungen haben gezeigt, dass die individuelle Vergütungshöhe bei vergleichbaren Tätigkeiten durch Faktoren wie individuelle Performance sowie Erfahrung in der Funktion bestimmt wird, nicht aber durch das Geschlecht.	**Prinzip 6** Menschenrechte Digitalisierung Attraktiver Arbeitgeber Diversity Management

Für den Investmentbereich ist die Mitgliedschaft im UN Global Compact sehr oft eine Voraussetzung für ein Nachhaltigkeitsrating. Auch in Best-in-Class-Rankings oder in Ausschlusskriterien findet man oft die Unterzeichnung des UN Global Compact als Kriterium. So bietet zum Beispiel Sustainalytics, eine der führenden Research Firmen für Nachhaltigkeit (siehe dazu weiter unten), eine Dienstleistung zur Überprüfung der Einhaltung des UN Global Compact an. Sustainalytics überprüft dazu täglich über 700.000 Quellen (Medien und Berichte von NGOs) auf Informationen über mehr als 20.000 Emittenten. Je nach Inhalt der Berichte klassifiziert Sustainalytics die Emittenten als Non-Compliant, Watchlist oder Compliant in Bezug auf die zehn Prinzipien des UN Global Compact.[85] Je nach Klassifizierung können dann ihrerseits Investment Manager, die die Erfüllung der Prinzipien des UN Global Compact als Ausschlusskriterium oder als Best-in-Class-Kriterium haben, ihre Entscheidung treffen, ob sie in den betreffenden Emittenten investieren oder nicht.

Wenn Sie als Investor oder als Berater in den Ausschlusskriterien oder in den positiven Best-in-Class-Bewertungsmaßstäben eines Fonds die Erfüllung der Prinzipien des UN Global Compact als Kriterium sehen, wissen Sie, dass darauf geachtet wird, ob die Unternehmen den Global Compact unterzeichnet haben, und dass der Global Compact prüft, ob die Unternehmen regelmäßig über ihre Umsetzung der zehn Prinzipien berichten. Diese Information kann der Investment Manager direkt vom Global Compact beziehen. Darüber hinaus, also in Bezug auf die Qualität der Erfüllung oder gegebenenfalls Kontroversen, muss der Investment Manager entweder eigenes Research haben oder Berichte von Researchhäusern wie Sustainalytics beziehen und auf dieser Basis dann eine Entscheidung treffen.

Die OECD Guidelines for Multinational Enterprises

Eine sehr ähnliche Funktion erfüllen die OECD Guidelines for Multinational Enterprises. Auch sie legen globale Prinzipien der guten Unternehmensführung auf der Unternehmensebene fest. Es bestehen wichtige Detailunterschiede zwischen beiden Richtlinien, aber insgesamt besteht eine große Ähnlichkeit. Genau wie der UN Global Compact wird die Einhaltung der OECD Guidelines als ein Kriterium für Nachhaltigkeit bei der Bewertung von Unternehmen angewendet.

Andere globale Initiativen

Wir haben jetzt die wichtigsten UN-Initiativen im Nachhaltigkeitsbereich gesehen: Die **Agenda 2030** mit den 17 SDGs, die **UNFCCC** mit dem Pariser Klimaabkommen und den **UN Global Compact**. Alle drei spielen eine extrem wichtige Rolle in Nachhaltigkeitsinvestitionen: Die 17 SDGs und ihre 169 Subziele sind die Grundlage für die Ziele vieler Nachhaltigkeitsinvestitionen, die Nicht-Ratifizierung der UNFCCC bzw. (für Unternehmen) der mangelnde Beitritt zum UN Global Compact gehören zu den wichtigen Ausschlusskriterien, die wir immer wieder finden.

Damit haben wir aber den Kreis der globalen Initiativen noch lange nicht abgesteckt. Sowohl im Rahmen der UN selbst und den von ihren Abteilungen und Spezialorganisationen gestarteten und/oder betreuten Initiativen, als auch parallel zu diesen Initiativen gibt es zahlreiche weitere globale Initiativen, die wichtige Elemente für nachhaltige Investitionen liefern. Eine vollkommene Aufzählung und Beschreibung würde den Rahmen dieses Buches sprengen.

Aber wir werden drei Gruppen mit ihren wichtigsten Mitgliedern beleuchten, weil sie zum Verständnis und daher zur guten Auswahl von nachhaltigen Investments wichtig sind: Zum ersten Initiativen, die **Reporting und Transparenz** fördern: die TCFD und die GRI. Zum zweiten Initiativen im Rahmen der UNEP FI, die **globale Nachhaltigkeitsprinzipien für einzelne Branchen** aufstellen: die PRI, PSI und PSB. Und schließlich Industriegruppierungen, die **Selbstverpflichtungen zur Nachhaltigkeit** fördern, wie Climate Action 100+ und die Net Zero Asset Owners Initiative.

Berichte und Transparenz: TCFD und GRI

Ich habe weiter oben den Under-Secretary-General der UN zitiert: „What gets measured gets done". Genau diese Thematik hat schon sehr früh in der Entwicklung nachhaltiger Investments eine zentrale Rolle in der Diskussion eingenommen. Ich habe weiter oben in der Besprechung der Umweltziele der EU und der Taxonomie auch schon darauf hingewiesen: Erst die Veröffentlichung von Nachhaltigkeitsdaten durch die Unternehmen ermöglicht es Investoren, die Entscheidung zu treffen: Fördert das Unternehmen durch seine Tätigkeit die Nachhaltigkeit, ist es indifferent oder beeinträchtigt es gar ein Nachhaltigkeitsziel maßgeblich („do significant harm")? Oder, ebenso wichtig, ist das Unternehmen erheblichen Nachhaltigkeitsrisiken ausgesetzt, die in den Finanzberichten nicht aufscheinen?

In diesem Zusammenhang habe ich auch schon zwei der wichtigsten Initiativen in diesem Bereich erwähnt: die TCFD und die GRI-Standards. Im September 2015 findet ein hochrangig besetztes „City Dinner" in den ehrwürdigen Räumen der Lloyd's of London statt. Vor den versammelten wichtigsten Akteuren des Londoner Finanzplatzes ist Mark Carney, Governor der Bank of England, der Gastredner des Abends. Dabei spricht Carney von dem Problem, dass Unternehmen Klimarisken unterschätzen oder nicht berücksichtigen, weil sie ihre Entscheidungen am aktuellen Wirtschaftszyklus orientieren. Klimarisken sind aber langfristig und treten typischerweise erst nach dem übernächsten Wirtschaftszyklus ein. Damit liegen sie hinter dem Entscheidungshorizont der Entscheidungsträger. Carney spricht (in Anlehnung an den klassischen Wirtschaftsbegriff der „Tragedy of the Commons") von der „Tragedy of the Horizon". Das Problem sei relevant für die Bank of England, meint er, weil die Vernachlässigung dieser potenziell sehr erheblichen Risken die finanzielle Stabilität der globalen Wirtschaft beeinträchtigen könnte.

Die Antwort auf diese Problematik kommt vom Financial Stability Board. Das Financial Stability Board (FSB) ist eine Organisation mit freiwilliger Mitgliedschaft, deren Sitzungen im Rahmen der Bank für Internationalen Zahlungsausgleich, der BIZ (also der sogenannten „Bank der Zentralbanken") abgehalten werden. Das Financial Stability Board wurde ursprünglich als Financial Stability Forum 1999 vom damaligen G9-Meeting der neun wichtigsten industrialisierten Staaten der Welt gegründet, um Fragen der Stabilität des globalen Finanzsystems zu besprechen. 2005 wurde vom G20 Meeting in Pittsburgh das FSB als Nachfolgeinstitution des FSF ins Leben gerufen. Mitglieder sind die Finanzministerien oder Zentralbanken der G20-Länder sowie einiger anderer Länder; internationale Organisationen wie die Bank für Internationalen Zahlungsausgleich (BIZ) selbst, die Weltbank, die OECD und schließlich Aufsichtsgremien wie die Internationale Organisation der Wertpapieraufsichtsbehörden (IOSCO). Das FSB hat dementsprechend als Mitglieder die wichtigsten Zentralbanken bzw. Finanzministerien der Welt. Seine Empfehlungen sind unverbindlich aber – aufgrund seiner Mitgliedschaft – extrem wirksam. Als Antwort auf die von Carney aufgeworfene „Tragedy of the Horizon" gründet das FSB eine Arbeitsgruppe, die **Task Force on Climate Related Financial Disclosures** (TCFD).

Die TCFD erarbeitet in zweijähriger Arbeit und Konsultation eine Serie von Empfehlungen, über welche klimarelevanten Themen und Risken Unternehmen in welcher Form berichten sollten. Damit gibt es einen einheitlichen Standard, an dem sich Unternehmen orientieren könnten, um Klimarisken entsprechend zu bewerten (das TCFD empfiehlt Szenarioanalyse) und zu publizieren. Der jüngst veröffentlichte Status Report der TCFD ist allerdings nicht euphorisch. Von den elf empfohlenen Disclosures veröffentlichen Unternehmen im Durchschnitt nur 3,6, sind damit also weit entfernt vom empfohlenen Stand der Risikotransparenz.[86]

Für Investoren und Berater findet sich diese Thematik in den Best-in-Class-Bewertungen der Analysten wieder: Unternehmen, die die TCFD-Empfehlungen befolgen, sind besser für Klimarisken gerüstet als jene, die ihre Klimarisken weder analysiert noch bewertet haben. Wie oben erwähnt, sind in Europa ein großer Teil der TCFD-Empfehlungen in die NFD-Richtlinie der EU eingegangen und damit für Unternehmen mit mehr als 500 Mitarbeitern zwingend vorgeschrieben.[87]

Governance	Strategy
Disclose the organization's governance around climate-related risks and opportunities	Disclose the actual and potential impacts of climate-related risks and opportunities on the organization's businesses, strategy, and financial planning where such information is material.
a) Describe the board's oversight of climate-related risks and opportunities.	a) Describe the climate-related risks and opportunities the organization has identified over the short, medium, and long term.
b) Describe management's role in assessing and managing climate-related risks and opportunities.	b) Describe the impact of climate-related risks and opportunities on the organization's businesses, strategy, and financial planning.
	c) Describe the resilience of the organization's strategy, taking into consideration different climate-related scenarios, including a 2°C or lower scenario.

Risk Management	Metrics and Targets
Disclose how the organization identifies, assesses, and manages climate-related risks.	Disclose the metrics and targets used to assess and manage relevant climate-related risks and opportunities where such information is material.
a) Describe the organization's processes for identifying and assessing climate-related risks.	a) Disclose the metrics used by the organization to assess climate-related risks and opportunities in line with its strategy and risk management process.
b) Describe the organization's processes for managing climate-related risks.	b) Disclose Scope 1, Scope 2, and, if appropriate, Scope 3 greenhouse gas (GHG) emissions, and the related risks.
c) Describe how processes for identifying, assessing, and managing climate-related risks are integrated into the organization's overall risk management.	c) Describe the targets used by the organization to manage climate-related risks and opportunities and performance against targets.

Während die TCFD ganz auf Klimawechsel konzentriert ist und vorwiegend Risken im Visier hat, produziert die Global Reporting Initiative mit ihren **GRI Reporting Standards** ein umfassendes Set an Standards, nach denen Unternehmen über Nachhaltigkeitsthemen berichten können.

Die **Global Reporting Initiative** wurde 1997 in Boston auf Initiative einer Non-Profit-Organisation für Umweltthemen (der CERES) gegründet. GRI konzentrierte sich erst auf die Herausgabe von Empfehlungen für Berichterstattung nach Industriesektoren. 2016 wurden dann die ersten Standards herausgegeben, die eine globale, standardisierte Berichterstattung ermöglichten. Die GRI-Standards sind nur ein Satz Standards in einem Dickicht von möglichen Berichterstattungsstandards. Sie zeichnen sich allerdings durch ihre Benutzerfreundlichkeit und Industriebezogenheit aus. Seit 2010 besteht eine Kooperation mit dem UN Global Compact unter der der UNGC die Verwendung der GRI-Standards für die Nachhaltigkeitsberichterstattung empfiehlt.[88]

Die GRI-Standards werden auch regelmäßig weiterentwickelt: Die jüngst verstärkt aufgeflammte Diskussion über Steuergerechtigkeit hat dazu geführt, dass – wie oben erwähnt – in den jüngsten EU-Entwürfen gerechte Steuerzahlung als ein Faktor der guten Unternehmensführung (also G-Governance im ESG-Kanon) betrachtet wird. Um dieser Anforderung gerecht zu werden, hat GRI im Januar 2020 einen neuen GRI-Standard herausgegeben (GRI 207), anhand dessen ab Januar 2021 in standardisierter Form über die Steuerpolitik des Unternehmens berichtet werden kann.

Selbstverpflichtungen: UNEPFI - PRI, PSI und PRB

Ich habe oben das „Umweltgewissen der UNO", das UN Environment Program (UNEP) erwähnt. UNEP ist, wie oben beschrieben, für die Administration der UNFCCC und der Nachfolgekonferenzen wie der COP 21 in Paris, die das Pariser Klimaabkommen erarbeitet hat, verantwortlich.

Ab 1991 begann die UNEP zuerst mit Banken, dann mit Versicherungen und schließlich mit Asset Managern im Sinne einer nachhaltigen Geschäftspolitik zu arbeiten. Daraus entwickelte sich 2003 die UNEP Finance Initiative mit aktuell mehr als 260 Mitgliedern aus über 40 Ländern. Im Rahmen der UNEP FI wurden drei Selbstverpflichtungsstandards entwickelt: für Asset Manager die Principles for Responsible Investment – PRI, für Versicherungen die Principles for Sustainable Insurance – PSI und zuletzt für Banken die Priciples for Sustainable Banking – PSB.

Unter den Principles for Responsible Investment verpflichten sich die Mitglieder zu folgenden Pflichten:[89]

1.) Wir werden ESG-Themen in die Analyse- und Entscheidungsprozesse im Investmentbereich einbeziehen.

2.) Wir werden aktive Anteilseigner sein und ESG-Themen in unserer Investitionspolitik und -praxis berücksichtigen.

3.) Wir werden Unternehmen und Körperschaften, in die wir investieren, zu einer angemessenen Offenlegung in Bezug auf ESG-Themen anhalten.

4.) Wir werden die Akzeptanz und die Umsetzung der Prinzipien in der Investmentbranche vorantreiben.

5.) Wir werden zusammenarbeiten, um unsere Wirksamkeit bei der Umsetzung der Prinzipien zu steigern.

6.) Wir werden über unsere Aktivitäten und Fortschritte bei der Umsetzung der Prinzipien Bericht erstatten.

Die PRI haben inzwischen beinahe weltweite Geltung erhalten. Der Initiative sind aktuell mehr als 1400 Mitglieder aus 50 Ländern angeschlossen, die zusammen über ein Anlagekapital von mehr als 59 Billionen US-Dollar verfügen. (Wie wir im nächsten Kapitel sehen werden, sind das knapp 75% des global verwalteten Vermögens). Die Wirkmächtigkeit der PRI ergibt sich daraus, dass eine Reihe von globalen institutionellen Kunden – in Europa insbesondere in den nordischen Ländern – in den frühen 2000ern beschlossen hatten, Nachhaltigkeit in ihre Anlagepolitik zu integrieren. Als Konsequenz verlangten sie von Asset Managern, die sich um zu verwaltende Gelder bemühten, den Nachweis, dass sie Mitglieder des PRI waren. Über kurze Zeit wurde somit die PRI-Mitgliedschaft zu einer Bedingung, um an großen globalen Ausschreibungen teilzunehmen. Großen internationalen Vermögensverwaltern blieb damit nur die Wahl, entweder auf das große und lukrative Geschäft mit nordischen Kunden zu verzichten, oder Mitglied der PRI zu werden.

Allerdings bewirkt die Mitgliedschaft auch eine laufende Überwachung der Nachhaltigkeitsaktivitäten: PRI verfügt über einen eigenen Bewertungsmechanismus. Auf Basis der (unter Prinzip 6 zu liefernden) Berichte der Mitglieder, werden die Mitglieder mit Noten von A+ bis E bewertet.

Was bedeutet es für Sie, als Investor oder Berater, wenn ein Asset Manager sich als Mitglied des PRI ausweist und gegebenenfalls ein A+ vorweisen kann? Viel, aber auch wenig. Positiv ist, dass die Mitgliedschaft im Zusammenhang mit der Bewertung zeigt, dass eine unabhängige Instanz auf Basis der Berichte des Asset Managers (Prinzip 6) festgestellt hat, dass der Asset Manager tatsächlich ESG-Kriterien in seine Beurteilung von Investitionen integriert hat (Prinzip 1) und auch Engagement Aktivitäten (Prinzip 2) nachweisen kann. Allerdings: Wie sehr diese ESG-Integration die Anlagestrategie beeinflusst, ob Ausschlusskriterien angewendet werden und insbesondere, ob Ihre Präferenzen als Investor (oder als Berater für einen Investor) im Anlageprozess berücksichtigt werden, lässt sich aus dem PRI Assessment nicht herauslesen. Bei einem A+-bewerteten PRI-Manager können sie weitestgehend sicher sein, dass keine Erzeuger von verbotenen Waffen im Portfolio sein werden. Aber ob und inwieweit andere Präferenzen berücksichtigt wurden (Atomkraft? Gleichstellung? Todesstrafe?), lässt sich aus einem PRI-Rating allein nicht ablesen.

Sehr ähnlich sind die Selbstverpflichtungen im Versicherungsbereich (PSI) und Bankenbereich (PSB) gestaltet.

Industriegruppen: Climate Action 100+ und Net Zero Asset Owners Alliance

PRI und ähnliche Instrumente sind Selbstverpflichtungen, die durch ihre Publizitätswirkung auch Investoren signalisieren sollen, dass die

Mitglieder Nachhaltigkeit in ihre Prozesse integrieren. Sie sind daher (auch wenn sich die Mitglieder des PRI zum Beispiel zur Zusammenarbeit verpflichten) individuell.

Demgegenüber sind Industriegruppen wie Climate Action 100+ oder die Net Zero Asset Owners Alliance stärker darauf ausgerichtet, durch den Zusammenschluss vieler Aktionäre bzw. Anleihegläubiger die Durchsetzungskraft von Nachhaltigkeitsforderungen an die Unternehmen zu erhöhen. Es geht also dabei, wenn wir bei den verschiedenen oben erläuterten Strategien bleiben, weniger um Integration und stärker um Impact.

Climate Action 100+ haben wir vorhin, im Abschnitt über Engagement, schon erwähnt. Es ist eine Industriegruppierung, die speziell auf den Klimawandel ausgerichtet ist. In einer Gründungserklärung heißt es:[90]

As institutional investors and consistent with our fiduciary duty to our beneficiaries, we will:

Work with policy makers to support and inform their efforts to develop and implement policy measures that encourage capital deployment at scale to finance the transition to a low carbon economy and encourage investment in climate change adaptation.

Identify and evaluate low carbon investment opportunities that meet our investment criteria and consider investment vehicles that invest in low carbon assets subject to our risk and return objectives.

Develop our capacity to assess the risks and opportunities presented by climate change and climate policy to our investment portfolios, and integrate, where appropriate, this information into our investment decisions.

Work with the companies in which we invest to ensure that they are minimising and disclosing the risks and maximising the opportunities presented by climate change and climate policy.

Continue to report on the actions we have taken and the progress we have made in addressing climate risk and investing in areas such as renewable energy, energy efficiency and climate change adaptation.

In der Umsetzung dieser Zielsetzungen hat Climate Action 100+ zuerst die 100 größten Emittenten von Treibhausgasen als Engagementpartner definiert. (Später wurden weitere Unternehmen dazugenommen, die unter „+" fallen.) Die Interaktion mit jedem der Zielunternehmen wird von einem oder mehreren Investoren geleitet. Als Beispiel kann VW genannt werden:[91]

Engagement case study – transportation: Volkswagen

Volkswagen (VW) is a German automobile manufacturer, and one of the largest automobile companies in the world by sales.

Engagement with the company is being led by Hermes Investment Management and BMO Global Asset Management. Investors met with the company multiple times, and used AGM statements and a shareholder resolution to advance the Climate Action 100+ agenda with the company and other shareholders.

In March 2019, VW committed to become 'climate neutral' by 2050 and to launch nearly 70 electric vehicle models by 2028 (up from the 50 models previously planned). This target will see the share of electric vehicles in the group fleet rise to at least 40% by 2030.

Eine ähnliche Wirkung, allerdings mit anderen Mitteln, entfaltet die Net Zero Asset Owners Alliance. Die Alliance wurde Ende 2019 mit Unterstützung der UNEP FI gegründet und besteht (derzeit) vorwiegend aus Versicherungen und Pensionskassen. Die Mitglieder verpflichten sich, ihre Investmentportfolios bis 2050 auf Netto Null Treibhausgasemissionen umzustellen. Dabei wird klargestellt, dass es nicht darum geht, einfach THG-intensive Aktien und sonstige Anlagen zu verkaufen, sondern auch darum, mit den investierten Unternehmen zu arbeiten, damit diese in der realen Welt die THG-Emissionen reduzieren.[92]

> *The members of the Alliance commit to transitioning their investment portfolios to net zero GHG emissions by 2050 consistent with a maximum temperature rise of 1.5°C above pre-industrial temperatures, taking into account the best available scientific knowledge including the findings of the IPCC, and regularly reporting on progress, including establishing intermediate targets every five years in line with Paris Agreement Article 4.9.*
>
> *In order to enable members to meet their fiduciary duty to manage risks and achieve target returns, this Commitment must be embedded in a holistic ESG approach, incorporating but not limited to, climate change, and must emphasize GHG emissions reduction outcomes in the real economy.*
>
> *Members will seek to reach this Commitment, especially through advocating for, and engaging on, corporate and industry action, as well as public policies, for a low-carbon transition of economic sectors in line with science and under consideration of associated social impacts …*

Was bedeutet es für mich als Investor oder Berater, wenn meine Versicherung oder Pensionskasse Mitglied der Net Zero Asset Owners

Alliance ist? Wie schon gesagt, die Mitgliedschaft stellt sicher, dass es eine Verpflichtung gibt, auf lange Frist (bis 2050) das Investmentportfolio (an dem Sie als Investor auch beteiligt sind) auf Netto Null THG-Emissionen umzustellen. In der nahen Zukunft wichtiger ist vermutlich das Commitment der Asset Owners, auf ihre Investmentunternehmen einzuwirken, um THG-Emissionen zu begrenzen. Damit ist zumindest indirekt sichergestellt, dass Ihre Investition eine Auswirkung in der realen Welt, also Impact hat.

Europa

Auf der globalen Ebene finden wir im Bereich der Nachhaltigkeit mit Ausnahme des Pariser Klimaabkommens vor allem freiwillige Richtlinien, Standards und Selbstverpflichtungen. Im Gegensatz dazu spielt sich die Entwicklung im Nachhaltigkeitsbereich in Europa vorwiegend auf der regulatorischen Seite ab: Europäische Richtlinien, Verordnungen und delegierte Verordnungen sowie lokale Gesetze kommen in extrem schnellem Rhythmus auf die Finanzindustrie zu.

Für **Berater** hat diese Entwicklung eine sehr klare Auswirkung: In sehr kurzer Zeit werden jetzt erhebliche neue Veröffentlichungs- und Beratungspflichten wirksam. Hier gilt es, alle Chancen der neuen Veröffentlichungen zu nutzen, aber auch Haftungsrisken aus neuen und alten Pflichten klar im Auge zu behalten. Für **Investoren** bringt diese rasche Entwicklung schon bald mehr Information und mehr Klarheit über das Angebot an nachhaltigen Produkten mit sich. Kurzfristig besteht die Gefahr der hochgradigen Verwirrung zwischen den verschiedenen neuen Informationen.

Im folgenden Abschnitt wollen wir die Entwicklung in Europa beleuchten, die wichtigsten Initiativen und neuen Regeln erörtern und darstellen. Dabei müssen wir im Auge behalten, dass die Entwicklung noch in vollem Gange ist. Ich stelle im Folgenden, wenn nicht anders vermerkt, den Stand per Ende 2019 dar. Zu diesem Zeitpunkt sind viele wichtige Verordnungen und delegierte Verordnungen noch in Diskussion.

Bei unserer Analyse der europäischen Entwicklungen werden wir sehen, dass Europa – auch wenn es nach dem Rückzug Amerikas die Führungsrolle in der Klimadebatte übernommen hat – keinen eigenen Weg in der Nachhaltigkeitspolitik geht, sondern sich eng innerhalb des (oben dargestellten) globalen Rahmens bewegt. So hat die EU das Pariser Klimaabkommen ratifiziert, und viele Maßnahmen betreffen die Umsetzung des Abkommens. Ebenso sind die 17 SDGs der Agenda 2030 ein integraler Bestandteil der europäischen Bemühungen für einen Umbau der Wirtschaft in Richtung Nachhaltigkeit und werden immer wieder in den Präambeln und Erwägungen der Richtlinien und Verordnungen genannt. Ausdrücklich werden die 17 SDGs etwa als Basis für den soeben publizierten European Green Deal genannt. Ebenso findet sich der UN Global Compact in allen EU Dokumenten wieder. Wir bewegen uns also auf bekanntem Terrain.

Der European Green Deal

Am 11. Dezember 2019, nur elf Tage nach ihrem Amtsantritt, präsentierte Ursula von der Leyen, die neue Präsidentin der Europäischen Kommission, den „European Green Deal". Dieser Deal ist eine „Mitteilung" der Kommission an den Europäischen Rat und das Europäische Parlament (sowie weitere Institutionen). Er hat daher keine Gesetzeskraft und keine direkte Rechtswirkung. Er ist am besten wie eine Regierungserklärung zu verstehen: Die Europäische Kommission präsentiert darin den Rahmen und die Inhalte der Maßnahmen, die sie über die nächste Jahre im Bereich der Nachhaltigkeit auf den Weg bringen und mit der (für viele der vorgeschlagenen Maßnahmen) benötigten Zustimmung des Rates und des Parlaments in Europa umsetzen will.

Diese Maßnahmen haben es in sich. Am sichtbarsten und am meisten besprochen ist die Zielsetzung, Europa bis 2050 klimaneutral zu machen. Diese Zielsetzung wurde schon 2018 von der Kommission ausgegeben, der Green Deal verschärft aber die Gangart: Das Ziel soll über gesetzliche Maßnahmen verbindlich gemacht werden und damit sicherstellen, dass die notwendigen politischen Maßnahmen (die aktuell nur eine Reduktion der THG-Emissionen um 60% bis 2050 sicherstellen) für eine Klimaneutralität bis 2050 (also eine Nettoreduktion der THG-Emissionen um 100% bis 2050) getroffen werden. Der Green Deal geht aber auch weit über den Rahmen der Klimapolitik hinaus. In acht Abschnitten (2.1.1. bis 2.1.8.) werden Maßnahmen zur Erreichung von Nachhaltigkeitszielen angekündigt. Wie oben angemerkt, kennen wir alle diese Ziele aus den 17 SDGs der Agenda 2030:

Europäischer Grüner Deal: Kapitel 2.1. Gestaltung einer Reihe von Maßnahmen, die tief greifende Veränderungen bewirken

2.1.1. Ambitioniertere Klimaschutzziele der EU für 2030 und 2050

2.1.2. Versorgung mit sicherer, erschwinglicher und sauberer Energie

2.1.3. Mobilisierung der Industrie für eine saubere und kreislauforientierte Wirtschaft

2.1.4. Energie- und ressourcenschonendes Bauen und Renovieren

2.1.5 Raschere Umstellung auf eine nachhaltige und intelligente Mobilität

2.1.6. „Vom Hof auf den Tisch": Entwicklung eines fairen, gesunden und umweltfreundlichen Lebensmittelsystems

2.1.7. Ökosysteme und Biodiversität erhalten und wiederherstellen

2.1.8. Null-Schadstoff-Ziel für eine schadstofffreie Umwelt

In allen diesen Bereichen kündigt die Kommission eine raschere Entwicklung und umfassende gesetzliche Regelungen an. Wir werden weiter unten noch einmal auf die Änderungen eingehen, die der Green Deal spezifisch im Bereich der Finanzwirtschaft ankündigt.

Es ist aber jetzt schon klar und unter Kommentatoren unumstritten, dass die Umsetzung dieses Plans massiver politischer Anstrengungen bedarf und auf erhebliche Widerstände stoßen wird. Die Umsetzung wird weder schnell noch verlustfrei vor sich gehen. Klar ist aber auch nach dieser Mitteilung, dass das Thema „Nachhaltigkeit" für die kommenden Jahre weiter im Zentrum der politischen Aktivität stehen und der Finanzierungsbedarf für die notwendigen Maßnahmen nur weiter steigen wird.

Für **Investoren** bedeutet der EU Green Deal, dass der Bereich der Nachhaltigkeit weiter extrem stark wachsen wird. Allein daraus lässt sich vorhersagen, dass sich in den nächsten Jahren weiter zahlreiche attraktive Investitionsmöglichkeiten in diesem Bereich ergeben werden. Gleichzeitig wird aber auch das Risiko von „stranded assets", Anlagegütern deren Wert rapide gegen Null geht, weil sie durch neue Regulierung aus dem Markt gepreist werden, steigen wird. Ein Fokus auf die Auswirkungen, Chancen und Risken der Nachhaltigkeit wird daher für Investoren unabdingbar sein. Dazu werden ihnen – wie wir gleich sehen werden – neue Veröffentlichungen durch Finanzinstitute zur Verfügung stehen und ihre Berater eigene Pflichten haben.

Für **Berater** bedeutet der Green Deal, dass die jetzt schon rasche Änderung der Rahmenbedingungen noch schneller werden wird: Es wird gelten, neue Veröffentlichungen sowohl von Unternehmen als auch von Finanzinstituten zu analysieren und in Betracht zu ziehen und neue Beratungs- und Veröffentlichungspflichten in Bezug auf Nachhaltigkeit umzusetzen.

Die große Mehrzahl dieser neuen Pflichten wurde schon vor dem European Green Deal festgelegt. Sie finden sich in einem ebenfalls extrem ambitionierten Programm der Juncker Kommission aus 2018, dem Sustainable Finance Action Plan. Diesen Plan (und später seine möglichen Anpassungen im Green Deal) wollen wir jetzt im Detail ansehen.

Der Sustainable Finance Action Plan

Genau wie der European Green Deal ist der „Action Plan: Sustainable Finance“ eine Mitteilung der Kommission an Parlament und Rat über von der Kommission geplanten Maßnahmen. Er hatte daher ebenfalls keine direkte Gesetzeskraft. Die Effizienz und politische Kraft der Juncker Kommission zeigt sich aber darin, dass ein Großteil der geplanten Maßnahmen innerhalb des extrem engen Zeitplans tatsächlich umgesetzt wurde.

Bevor wir ins Detail gehen, noch ein kurzer Blick auf die Gesetzgebung der EU, damit die Unterschiede der verschiedenen Maßnahmen klar bleiben.

Die Gesetzgebung in der EU

Der Gesetzgebungsprozess der EU hat drei Teilnehmer: das Europäische Parlament, das direkt von allen BürgerInnen der EU-Mitgliedstaaten gewählt wird, den Rat der Europäischen Union, in dem alle Mitgliedstaaten durch je eine(n) MinisterIn vertreten sind, und die Europäische Kommission.

Die Kommission schlägt neue Rechtsvorschriften vor, diese müssen dann von Rat und Parlament (den „Co-Gesetzgebern“) beschlossen werden. Um die zahlreichen Änderungsvorschläge zwischen den drei Akteuren abzustimmen, gibt es den „Trilog“ zwischen allen drei. Die Kompetenzen des Parlaments sind über die letzten Jahre stark ausgeweitet worden, trotzdem kommt unverändert dem Rat (und damit den Fachministern aus den einzelnen Ländern bzw. den Regierungschefs) eine zentrale Rolle zu.

Eine wichtige Unterscheidung gibt es dabei zwischen sogenannten Richtlinien und Verordnungen: Während Richtlinien noch in den nationalen Parlamenten in nationales Recht umgestzt werden müssen, gelten Verordnungen (wie zum Beispiel die hinreichend bekannte DSGVO, die Datenschutz-Grundverordnung) unmittelbar, ohne dass es noch eines eigenen nationalen Gesetzes bedarf.

Das Verfahren zwischen den Co-Gesetzgebern ist langwierig und komplex, daher wurde seit 2001 versucht, die EU-Gesetzgebung zu beschleunigen. Aufbauend auf dem sogenannten Lamfalussy-Verfahren werden seither im Co-Gesetzgebungsverfahren nur mehr Rahmen- oder Grundsatz-Richtlinien (RL) und Verordnungen (VO) beschlossen. Zur Festlegung von Details wird dann in der RL oder der VO entweder die Kommission allein ermächtigt (die dann sogenannte delegierte Verordnungen erlässt) oder europäische Aufsichtsbehörden. Im Finanzbereich sind das die European Supervisory Authorities – die ESAs, bestehend aus der European Securities and Markets Authority (ESMA), der European Banking Authority (EBA) und der European Insurance and Occupational Pensions Authority (EIOPA). Diese legen ihrerseits Details in Form von Entscheidungen, Opinions oder Q&As fest.

Wir werden das im Weiteren noch sehen: Der normale europäische Gesetzgebungsprozesses ist aufgrund der Struktur der Co-Gesetzgebung extrem schwerfällig. Das hat den Vorteil, dass Entscheidungen aufgrund langwierig ausgehandelter Kompromisse sehr haltbar sind, für rasche Änderungen ist er aber kaum geeignet. Eine politisch kluge Kommission strebt daher an, neue Regelungen, wenn irgendwie möglich, nicht auf „Lamfalussy Level 1“, also in den relevanten Rahmenrichtlinien oder Verordnungen, zu machen, da dies zu langwierigen Verhandlungen führt („Anything but Level 1“ ist das Schlagwort). Änderungen werden daher, wenn irgendwie möglich, in delegierte Verordnungen verpackt oder gleich auf Ebene der ESAs umgesetzt.

Diese Praxis ist für **Investoren** (außer sie sind extrem politisch interessiert und wollen in der politischen Debatte über Nachhaltigkeit ganz vorne mit dabei sein) von geringerer Bedeutung. Für **Berater** ist das Ergebnis allerdings sehr wichtig: Wir finden verbindliche Vorschriften sowohl in immer zahlreicheren und damit unübersichtlichen delegierten Verordnungen: Die Ausweitung der Eignungsprüfung für die Wertpapierberatung um die Frage der Nachhaltigkeitsinteressen des Kunden (dazu weiter unten) zum Beispiel findet sich in einer Änderung einer der vielen Delegierten Verordnungen zur MIFID II Richtlinie. Darüber hinaus finden sich ebenfalls verbindliche Vorschriften in Stellungnahmen oder Q&As der ESAs: so zum Beispiel die jüngst von der EIOPA abgegebene Stellungnahme zur Umsetzung von Nachhaltigkeit in Solvency II. Berater sollten daher über ihre Verbände oder Haftungsdächer regelmäßig den Stand der Regelungen überprüfen, um auf dem Laufenden zu bleiben.

Die Ziele des Sustainable Finance Action Plans und die Maßnahmen

Der Sustainable Finance Action Plan ist der Maßnahmenkatalog der Europäischen Union für die Umstellung der Finanzwirtschaft auf Nachhaltigkeit. Er ist Teil der Umsetzung der Agenda 2030: Die Europäische Union hat diese und die 17 SDGs in der Mitteilung der Kommission „Auf dem Weg in eine nachhaltige Zukunft: Europäische

Nachhaltigkeitspolitik" schon im November 2016 vollinhaltlich unterstützt und erklärt: Die „Agenda 2030 […] deckt sich voll und ganz mit den Vorstellungen der EU und dient jetzt als Blaupause für die weltweite nachhaltige Entwicklung. […] Die EU ist fest entschlossen, unter Einhaltung des Subsidiaritätsprinzips bei der Umsetzung der Agenda 2030 und den Nachhaltigkeitszielen zusammen mit den Mitgliedstaaten eine Vorreiterrolle zu übernehmen."[93]

In der Mitteilung kündigt die Kommission auch schon die „Verwirklichung eines nachhaltigen Finanzwesens" zur Umsetzung der Nachhaltigkeitsziele 8, 9, 13, 14 und 15 der Agenda 2030 an.[94] Diese Verwirklichung eines nachhaltigen Finanzwesens wird dann im 2018 veröffentlichten „Aktionsplan: Finanzierung Nachhaltigen Wachstums" im Detail dargestellt.

Was sind die Änderungen, die im Finanzsystem erfolgen müssen, damit ermöglicht wird, die Umstellung auf eine nachhaltige Wirtschaft zu finanzieren? Die Kommission definiert dafür drei Änderungsbereiche:[95]

1. *die Kapitalflüsse auf nachhaltige Investitionen umzulenken, um ein nachhaltiges und integratives Wachstum zu erreichen;*

2. *finanzielle Risiken, die sich aus dem Klimawandel, der Ressourcenknappheit, der Umweltzerstörung und sozialen Problemen ergeben, zu bewältigen;*

3. *Transparenz und Langfristigkeit in der Finanz- und Wirtschaftstätigkeit zu fördern.*

Warum werden genau diese drei Ziele angestrebt?

Das erste Ziel, die „**Umlenkung der Kapitalflüsse**" hat einen ganz praktischen Grund. Die Kosten der Umstellung der Wirtschaft auf Nachhaltigkeit übersteigen bei Weitem die Finanzkraft der EU, aber auch jene der Haushalte der EU-Mitgliedsstaaten. Allein für die Maßnahmen zur Begrenzung des Klimawandels und die dafür notwendige Umstellung der Energieversorgung rechnet die EU in ersten Planungen mit 180 Milliarden Euro an jährlichen Kosten:[96] Die Gesamtkosten für alle notwendigen Nachhaltigkeitsmaßnahmen (also inklusive des Umweltschutzes, des Gewässerschutzes, der Abfallvermeidung und so weiter) betragen aber ein Vielfaches davon. Es müssen daher Finanzmittel aus dem privaten Sektor in die Finanzierung der Nachhaltigkeit umgelenkt werden.

JÄHRLICHER INVESTITIONSBEDARF ZUR ERREICHUNG DER EU-KLIMA- UND ENERGIEZIELE FÜR 2030

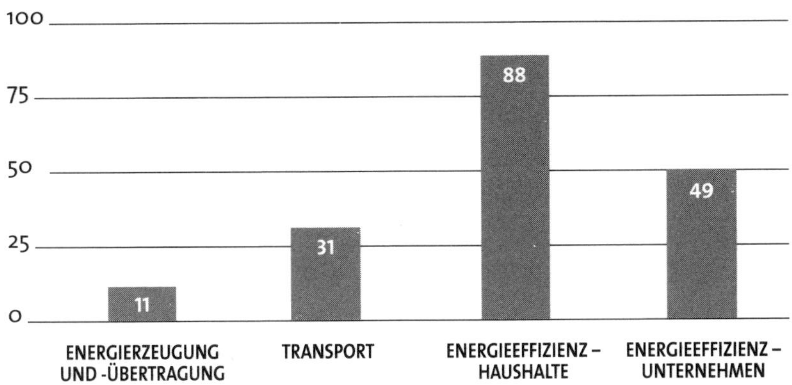

Daten: EU

Aber selbst wenn das ambitionierteste Ziel des Pariser Klimaabkommens, die Erderwärmung auf 1,5 °C über vorindustriellem Niveau zu begrenzen, erreicht wird, wird die Veränderung des Klimas erhebliche neue Risken mit sich bringen. Ähnliches gilt für die jetzt schon erkennbaren anderen Nachhaltigkeitsprobleme wie die Umweltverschmutzung oder soziale Probleme. Diese Risken könnten, wenn sie nicht erfasst und kontroliert werden, das Finanzsystem destabilisieren. Daraus ergibt sich das zweite große Ziel: **Nachhaltigkeitsrisken zu erfassen und in die Risikosysteme zu integrieren**.

Diese Bestrebungen dürfen aber keine Einzelmaßnahmen sein, sondern müssen – um effektiv zu sein – in eine gesamthafte, transparente und langfristig orientierte Finanzwirtschaft eingebettet sein. Wieder einmal zeigt sich, was oben schon mehrfach zitiert wurde: „What gets measured, gets done." Daher ist **Transparenz** das dritte Ziel des Sustainable Finance Action Plans.

Diese drei Ziele sollen über zehn Initiativen erreicht werden, die ihrerseits in 27 Teilinitiativen untergliedert sind.[97] Dabei sind viele

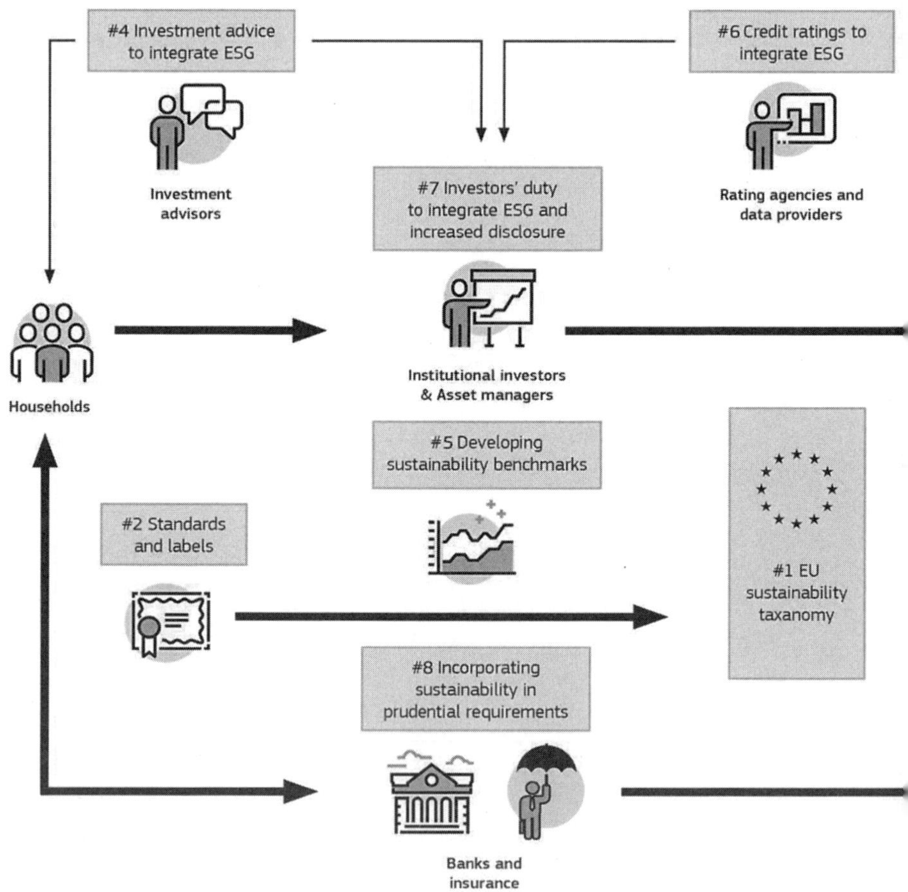

der Maßnahmen, wie in der Abbildung[98] weiter unten dargestellt, miteinander verknüpft oder bedingen einander: ohne Offenlegung von Unternehmensangaben zur Nachhaltigkeit (Maßnahme 9) können diese Faktoren von Ratingagenturen (Maßnahme 6) und Investoren (Maßnahme 7) nicht berücksichtigt werden. Ohne Benchmarks (Maßnahme 5) können institutionelle Investoren ihre Portfolios nicht anpassen (Maßnahme 7) und so weiter.

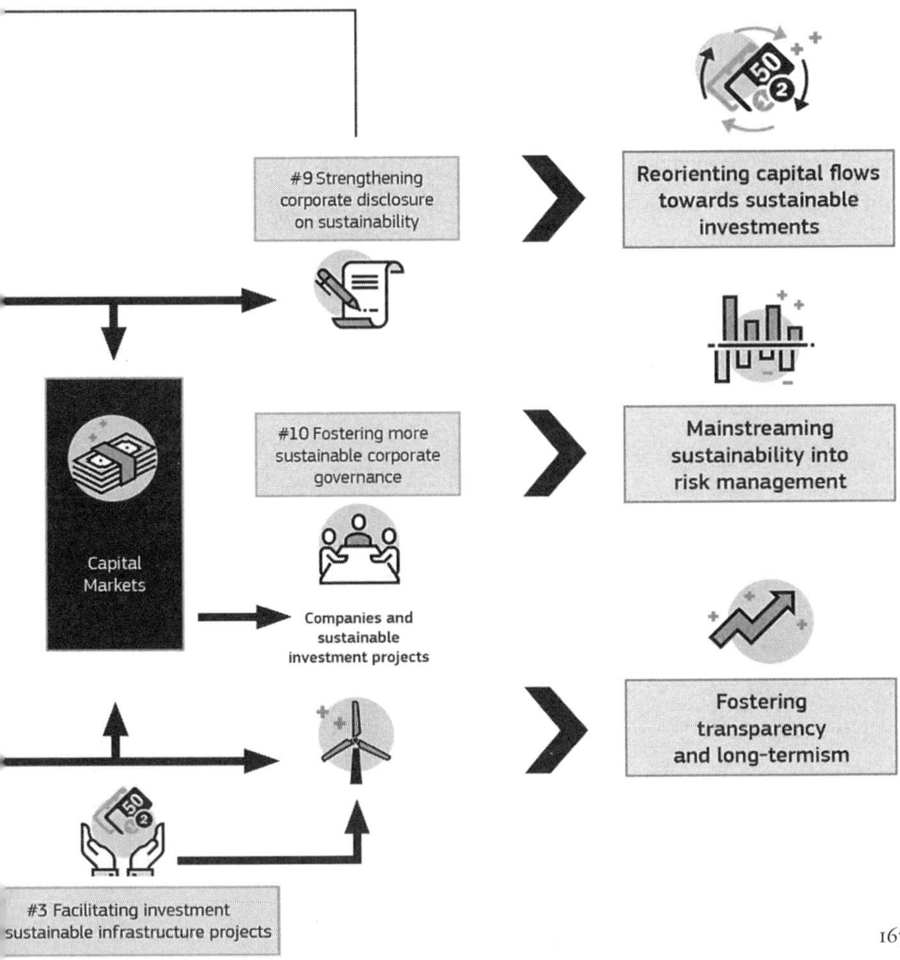

Insgesamt sind die Maßnahmen aber umfassend und verändern die Grundstruktur der Investmentindustrie: Zum Ersten gibt es Maßnahmen, die in diese Struktur selbst eingreifen. Dabei werden die Grundpfeiler, die konstitutiven Richtlinien, Verordnungen oder delegierten Verordnungen der Investmentindustrie in Richtung Nachhaltigkeit angepasst: die UCITS-Richtlinie für Investmentfonds, die Solvency II Richtlinie für Versicherungen, die IORP-Richtlinie für Pensionskassen. Zum Zweiten finden wir Maßnahmen, die die Produkte der Investmentindustrie anpassen: Benchmarks, nach denen Investmentfonds gemanagt werden, Labels, die nachhaltige Produkte in der EU auszeichnen, und Definitionen, anhand derer nachhaltige Tätigkeiten definiert werden. Und schließlich erfolgt eine Anpassung der Regelungen für den Vertrieb von Investmentprodukten in der europäischen Union: die MIFID II Richtlinie für den Vertrieb von Investmentprodukten, die IDD-Richtlinie für den Vertrieb von Versicherungsprodukten und die IORP-Richtlinie über Pensionskassen.

Sehen wir uns die wichtigsten Maßnahmen geordnet nach den Zielen der EU-Kommission an. Meine Darstellung geht dabei, wenn nicht anders vermerkt, vom Stand Ende 2019 aus, und der politische Prozess um die Umsetzung aller dieser Maßnahmen ist noch im Gange.

Umleitung der Finanzströme

Die EU-Kommission geht davon aus, dass die europäischen Bürger Nachhaltigkeit als Ziel unterstützen. Daher geht sie auch davon aus, dass die europäischen Investoren grundsätzlich ihre enormen angesparten Mittel auch in nachhaltige Finanzprodukte investieren wollen. Es geht daher bei der Umleitung der Finanzströme nicht darum, Investoren zu zwingen, in Nachhaltigkeit zu investieren, sondern darum, die Hindernisse auf dem Weg dahin wegzuräumen. Diese Hindernisse betreffen vor allem die mangelnde Klarheit über das Angebot an Investitionsmöglichkeiten. Daher gilt es in erster Linie, das Angebot an nachhaltigen Produkten klarer darzustellen, Investoren auf das bestehende Angebot hinzuweisen aber auch öffentlich klarzustellen, wer bzw. welche Produkte Nachhaltigkeitskriterien nicht anwenden.

Diese Klarheit wird durch Veröffentlichungspflichten auf allen Ebenen geschaffen. Unter anderem wird es die folgenden neuen Pflichten geben:

- *Wertpapierfirmen müssen auf ihren Webseiten darstellen, ob und wie sie Nachhaltigkeitskriterien bei ihren Investitionsentscheidungen berücksichtigen.*

- *Berater müssen auf ihren Webseiten darstellen, ob und wie sie Nachhaltigkeitskriterien bei ihrer Beratungstätigkeit berücksichtigen.*

- *Produkte müssen in ihren Prospekten darstellen, ob und wie das Produkt Nachhaltigkeitskriterien berücksichtigt.*

- *Falls Produkte angeben, Nachhaltigkeitsziele anzustreben, müssen sie darlegen, wie diese Ziele erreicht werden sollen, und in periodischen Berichten über die Zielerreichung informieren.*

Für Investoren und Berater bedeutet das, dass es viel einfacher werden wird, nachhaltige Manager und Produkte zu finden, zu bewerten, ob sie tatsächlich nachhaltig sind (oder nur „greenwashing" betreiben), und laufend nachzuprüfen, ob die behaupteten Nachhaltigkeitstätigkeiten auch gesetzt sowie die Nachhaltigkeitsziele auch erreicht werden.

Es gibt jedoch kein Verbot für Manager, in ihren Investitionsentscheidungen nicht nachhaltig zu agieren. Sie können auch weiterhin Produkte anbieten oder neu auflegen, die nicht nachhaltig sind. Allerdings müssen sie diese Tatsache öffentlich, typischerweise auf ihrer Website aber auch in den Produktblättern klar kommunizieren. Die Kommission geht davon aus, dass der Druck der öffentlichen Meinung und die Nachfrage nach Nachhaltigkeit solche Manager und Produkte extrem selten machen werden.

Für Berater entsteht parallel dazu eine neue Pflicht im Beratungsprozess:

- *Berater müssen in der Eignungsprüfung abfragen, ob ein Kunde eine Präferenz für nachhaltige Investitionen hat.*

Was bedeutet das? Im Beratungsprozess muss der Berater schon jetzt drei wichtig Fragen klären: Erstens, wie steht es um Wissen und Erfahrung des Kunden in Bezug auf die angebotenen Produkte? Hier muss geklärt werden, ob der Kunden versteht, was ihm der Berater vorschlägt und eventuell empfiehlt. Zweitens, was sind die Anlageziele des Kunden und wie ist seine Risikotoleranz? Hier geht es darum, Ziele klar festzulegen und zu klären, ob der Kunde das mit diesen Zielen verbundene Risiko versteht und tragen möchte, oder – was oft passiert – in Anbetracht des doch geringeren Risikoappetits die Ziele reduziert werden sollten. Und schließlich muss jetzt schon geklärt werden, wie es um die Verlusttragungsfähigkeit des Kunden steht? Es muss festgestellt werden, ob der Kunde – selbst wenn er angibt, sehr risikofreudig zu sein, aufgrund seiner finanziellen Verhältnisse in der Lage ist, das gewünschte Risiko zu tragen. Wenn der Eintritt des Risikos die finanzielle Situation des Kunden maßgeblich beeinträchtigen würde, muss der Berater ihn davor warnen und schließlich davon abraten. Das Ergebnis dieser Trias an Fragen ist die Entscheidung, ob das empfohlene

Produkt all diesen Vorgaben entspricht, also für den Kunden geeignet ist. Dieses Ergebnis wird in der sogenannten Geeignetheitserklärung festgehalten.

Als vierte Frage wird in Zukunft, voraussichtlich ab 2021, nach dem Wunsch der Kommission die Frage hinzukommen, ob der Kunde Präferenzen in Bezug auf Nachhaltigkeit hat. Damit will die Kommission bewirken, dass die Frage der Nachhaltigkeit offen angesprochen wird. Dahinter steht die Erwartung, dass die überwiegende Mehrzahl der Kunden – wenn gefragt – eine Präferenz für Nachhaltigkeit hat. Wie steht es mit der Möglichkeit, dass Kunden zwar gerne Nachhaltigkeit hätten, aber eine negative Auswirkung dieser Entscheidung auf ihre Rendite befürchten? Dieses Problem versucht die Kommission – wie wir weiter unten sehen werden – indirekt über das Risiko zu lösen: Wertpapierfirmen müssen das Risiko nicht nachhaltiger Investitionen klarstellen.

Die Auswirkung der Frage nach der Nachhaltigkeitspräferenz in den Eignungstest ist dann natürlich, dass – falls der Kunde eine Präferenz für Nachhaltigkeit hat – auch nur nachhaltige Produkte für ihn „geeignet" sind. Dies muss daraufhin entsprechend in der Geeignetheitserklärung festgehalten werden.

Für **Investoren** bedeutet das daher, dass es eine viel höhere Klarheit über das verfügbare Angebot an Nachhaltigkeit geben wird. Darüber hinaus werden Berater auch verpflichtet sein, mit ihren Investoren ein Gespräch zu diesen Themen zu führen und ihnen sämtliche wichtigen Informationen für eine Entscheidung über Nachhaltigkeit zu liefern.

Für **Berater** ist diese neue Pflicht natürlich mit großer Sorge verbunden. Denn der Begriff Nachhaltigkeit ist, wie wir oben im Kapitel über Ziele und Strategien gesehen haben, sehr vielschichtig. Die Gefahr eines Missverständnisses zwischen Kunden und Berater, was genau jeder Gesprächspartner mit „Nachhaltigkeit" gemeint hat, ist hoch. Meine Empfehlung an Berater lautet daher, das

Gespräch umfassend zu führen und auch detailliert zu dokumentieren, was genau besprochen und vereinbart wurde.

Einbeziehung des Nachhaltigkeitsrisikos

Die zweite Zielsetzung der Kommission betrifft das Nachhaltigkeitsrisiko. Dabei werden vorwiegend zwei Risken unterschieden:

- ***Physische Risken:*** *das Risiko, dass nicht nachhaltige Entwicklungen in der realen Welt negative Auswirkungen auf das Investment haben.*

Typische Beispiele dafür wären Waldbrände oder schmelzende Gletscher mit deren Auswirkungen auf Tourismusbetriebe. Aber auch außerhalb des Klimaschutzes gibt es physische Risken: Umweltrisken (wie das oben beschriebene Beispiel der Deepwater Horizon für BP), soziale Risken (die Auswirkung einer Kinderarbeitsdebatte) bis hin zu Governancerisken (der Konkurs von Enron).

- ***Transitionsrisken:*** *das Risiko, dass die Transition zu einer nachhaltigeren Wirtschaft negative Auswirkungen im Finanzmarkt auf das Investment hat.*

Ein typisches Beispiel dafür wäre der plötzliche Kursverfall von Aktien der Produzenten thermischer Kohle, falls alle institutionellen Investoren gleichzeitig beschließen, diese Aktien aus ihren Portfolios zu eliminieren. Ähnliche Risken im Klimabereich betreffen Ölfirmen und Fluglinien. Aber auch hier sind es nicht nur Klimarisken: Das Verbot von Einwegplastik oder selbst strengere Vorschriften gegen steuereffiziente Maßnahmen haben alle Auswirkungen auf Investments. Diese Transitionsrisiken sind groß genug, dass die wichtigsten Zentralbanken sie als potentiell destabilisierend für das Finanzsystem einschätzen.

Sie haben dementsprechend auch schon neue Gruppierungen und Netzwerke für die Diskussion dieser Probleme geschaffen wie das Sustainable Banking Network (SBN) und das Central Banks and Supervisors Network for Greening the Financial System (NGFS).

Die EU geht bei der Einbeziehung dieser Risken eine Doppelweg: zum einen **Veröffentlichungspflichten** und zum anderen Einbeziehung der **Nachhaltigkeitsrisken** in die bestehenden Risikosysteme. **Veröffentlichungspflichten** bestehen wieder auf allen Ebenen:

- *Wertpapierfirmen müssen auf ihren Webseiten darstellen, ob und wie sie Nachhaltigkeitsrisken bei ihren Investitionsentscheidungen berücksichtigen.*

- *Wertpapierfirmen müssen bewerten und das Ergebnis ihrer Bewertung darstellen, ob Nachhaltigkeitsrisken Auswirkungen auf die Rendite der Investments haben.*

Damit wird versucht, die Problematik der Renditen in den Griff zu bekommen: Wir können auf Basis aktueller Ergebnisse nicht mit letzter Sicherheit ausschließen, dass eine Entscheidung für Nachhaltigkeit im Endergbnis die Rendite nachteilig beeinflussen könnte (dazu weiter unten). Aber es ist sehr wahrscheinlich, dass es Nachhaltigkeitsrisken gibt, die, wenn sie nicht berücksichtig werden, die Rendite nachteilig beeinflussen würden. Wie oben erwähnt, ist beispielsweise die BP-Aktie im Monat nach der Deepwater-Horizon-Katastrophe um 43% gefallen.

- *Berater müssen auf ihren Webseiten darstellen, ob und wie sie Nachhaltigkeitsrisken bei ihrer Beratungstätigkeit berücksichtigen.*

- *Produkte müssen in ihren Prospekten darstellen, ob und wie das Produkt Nachhaltigkeitsrisken berücksichtigt.*

Für die Einbeziehung der **Nachhaltigkeitsrisken** wurde ein sehr eleganter und effizienter Weg gewählt. In einer Reihe von Stellungnahmen haben die Aufsichtsbehörden eine klare Meinung vertreten: Nachhaltigkeitsrisken sind nur Erscheinungsformen von schon bekannten Risken. So zum Beispiel die deutsche Aufsichtsbehörde, die Bundesanstalt für Finanzdienstleistungsaufsicht (BAFin):[99]

2.7. Übersetzung in bekannte Risikoarten

Die BaFin sieht Nachhaltigkeitsrisiken als Faktoren der nachfolgend aufgeführten und bekannten Risikoarten. Eine separate Risikoart „Nachhaltigkeitsrisiken" wird abgelehnt; eine Abgrenzung wäre kaum möglich. Nachhaltigkeitsrisiken können auf alle diese bekannten erheblich einwirken und als Faktor zur Wesentlichkeit dieser Risikoarten beitragen. Beispiele für die verschiedenen Sektoren:

i) Kreditrisiko/Adressenausfallrisiko: Ein Kreditinstitut vergibt einen Kredit an ein Unternehmen, dessen Geschäftsmodell aufgrund politischer Entscheidungen zu ESG-Themen wesentlich beeinträchtigt sein kann (etwa eine CO_2*-Bepreisung).*

ii) Markt(preis)risiko: Ein Pensionsfonds oder ein Investmentvermögen ist zum Beispiel in Unternehmen investiert, die belegbar weder nachhaltig wirtschaften, noch die investierten Gelder zur Nachhaltigkeits-Transition nutzen. Eine abrupte Änderung der Marktstimmung (zum Beispiel wegen Einpreisung erwarteter regulatorischer Maßnahmen) führt zu Abwertungen.

iii) Liquiditätsrisiko: Nach einer katastrophalen Überflutung ziehen Zehntausende Kunden Geld von ihren Konten bei einem regional tätigen Kreditinstitut ab, um damit die Schadenbeseitigung zu finanzieren. Das Kreditinstitut muss daraufhin in hohem Maße Aktiva veräußern.

iv) *Operationelles Risiko: Durch die Überflutung werden auch die Filialen dieses Kreditinstituts in Mitleidenschaft gezogen.*

v) *Versicherungstechnisches Risiko: Im Bereich der verbundenen Wohngebäudeversicherung steigen die Schäden bspw. infolge von Sturm, Überflutung oder Hagel. Ebenfalls können sich versicherte Schäden in der Betriebsunterbrechungsversicherung erhöhen. Die Zunahme der Intensität und/oder Häufigkeit solcher Ereignisse sollte angemessen bei der Bewertung der versicherungstechnischen Rückstellungen oder des Prämienrisikos berücksichtigt werden. In diesem Zusammenhang ist auch zu bedenken, dass Versicherungsunternehmen durch dasselbe Nachhaltigkeitsrisiko sowohl aktiv- wie passivseitig getroffen werden können.*

vi) *Strategisches Risiko: Ein auf die Finanzierung von Kohlebergbau spezialisiertes Kreditinstitut verliert seine Geschäftsbasis.*

vii) *Reputationsrisiko: Ein Investmentvermögen ist in eine Bekleidungsfabrik eines bekannten Herstellers in Ostasien investiert. Wegen unzureichender nationaler Vorgaben bezüglich Sicherheitsstandards brennt das Gebäude nieder, Hunderte Arbeiter sterben, der Fall geht unter Nennung der Investoren durch die Medien. Der Verkauf von nur vermeintlich nachhaltigen Finanzprodukten (sog. „Greenwashing") an ESG-bewusste Anleger kann ebenfalls ein Reputationsrisiko darstellen.*

Mit anderen Worten bedeutet das, dass die Aufsicht die Meinung vertritt, die beaufsichtigten Firmen hätten Nachhaltigkeitsrisken schon immer in ihren bestehenden Risikosystemen erfassen müssen. Dass dies derzeit möglicherweise selten der Fall ist, führt jetzt zu einer sehr raschen Anpassung der Systeme und zur Einbindung neuer Datenquellen.

Was bedeutet das für Investoren? – Wiederum wird es nach Umsetzung dieser neuen Pflichten für Investoren weitaus mehr verfügbare Information darüber geben, was mit einem Investment aus Nachhaltigkeitssicht geschehen kann und wie Berater und Produktgeber planen, damit umzugehen. Für Berater allerdings sind es vor allem Haftungsrisken aus den neuen Veröffentlichungen, die im Zentrum der Aufmerksamkeit stehen. Falls tatsächlich in einem Investment ein Nachhaltigkeitsrisiko schlagend wird, wird es wichtig sein, darlegen zu können, dass diese Risken richtig erfasst und im Vorfeld mit dem Kunden besprochen wurden.

Transparenz

Als drittes Ziel hat die EU-Kommission mehr Transparenz gesetzt. Wir haben oben schon die vielen Veröffentlichungspflichten gesehen, die Transparenz bei Produzenten, Vertrieben und Beratern über Nachhaltigkeitsstrategien und Nachhaltigkeitsrisken schaffen sollen.

Dazu kommt insbesondere eine weitere maßgebliche Maßnahme im Bereich des Klimaschutzes, die Schaffung eigener Klimaschutz- bzw. Klimaanpassungsbenchmarks. Diese sollen sicherstellen, dass es Benchmarks gibt, an denen Investmentmanager ihre Portfolios ausrichten können, oder, sofern sie dem aktuellen Trend zu passiven Produkten folgen, diese durch passive Portfolios dupliziert werden können. Die zwei Benchmarks sind:

„EU-Referenzwert für den klimabedingten Wandel"

Eine Benchmark, deren Unternehmen so ausgewählt, gewichtet oder ausgeschlossen [werden], dass sich das daraus resultierende Referenzwert-Portfolio auf einem Dekarbonisierungszielpfad befindet.

„Paris-abgestimmter EU-Referenzwert"

Eine Benchmark, deren Unternehmen so ausgewählt, gewichtet oder ausgeschlossen [werden], dass die CO_2-Emissionen des daraus resultierenden Referenzwert-Portfolios auf die Ziele des Übereinkommens von Paris ausgerichtet sind.

Die neuen Benchmarks werden wiederum durch Pflichten für Produktgeber ergänzt:

- *Falls Produkte Nachhaltigkeitsziele anstreben und eine Benchmark haben, müssen sie angeben, wie diese Benchmark im Verhältnis zum angestrebten Ziel steht und in periodischen Berichten darlegen, welche Auswirkung die Benchmark auf die Erreichung des angestrebten Ziels hatte.*

Die geplanten Änderungen im Green Deal

Der Sustainable Finance Action Plan hat all diese Maßnahmen 2018 angekündigt und viele davon sind heute schon in Kraft oder im letzten Stadium der Umsetzung. Der EU Green Deal bekräftigt nun die Maßnahmen, unterstreicht die Entschlossenheit der Kommission, sie umzusetzen, und kündigt auch schon Überprüfungen und gegebenenfalls Verschärfungen der geplanten Maßnahmen und eine Erhöhung der Umsetzungsgeschwindigkeit an.

Dazu sagt die Kommission insbesondere:[100]

> *[...] wird die Strategie die Grundlagen für nachhaltige Investitionen stärken. Dies erfordert insbesondere, dass das Europäische Parlament und der Rat die Taxonomie für die Klassifizierung ökologisch nachhaltiger Tätigkeiten annehmen.*

Wir haben die Taxonomie schon einmal weiter oben, bei den Nachhaltigkeitszielen, erwähnt. Was bedeutet sie für Investoren und wieso ist sie so umstritten, dass die Kommission den Rat öffentlich auffordern muss, sie (endlich) zu beschließen?

Die Taxonomie

Der tierliebende Investor oder Wie definiert man Umweltziele?

Um 14:00 Uhr beginnt in Bukarest eine der vielen Sitzungen der EUROFI-Konferenz. Diesmal geht es um ein Diskussionsforum zu einer der vielen EU-Prioritäten, der Kapitalmarktunion. Am halbrunden Tisch auf dem Podium sitzen die üblichen Teilnehmer einer EUROFI Diskussionsrunde: auf der linken Seite die Vertreter der Finanzwirtschaft, auf der rechten die Kommission und die Regulierungsbehörden. Im Zentrum hat der Vorsitzende des Panels Platz genommen, ein hochrangiger EU-Beamter aus der Generaldirektion für das Finanzwesen, der DG FISMA.

Die EUROFI-Konferenzen sind eine brillante Erfindung. Mit jedem neuen (halbjährlichen) Vorsitz des EU-Rates gibt es traditionell auch ein informelles Treffen der Finanzminister, ein ECOFIN-Meeting, im Land des Ratsvorsitzes. Die EUROFI-Konferenzen sind rein privat. Sie finden allerdings jeweils an den drei Tagen vor Beginn des ECOFIN statt.

Und da schon alle EU-Beamten im Land sind, ist es leichter, sie zur Teilnahm an der EUROFI zu bewegen. Da wiederum alle EU-Beamten teilnehmen, nimmt auch die gesamte Finanzwirtschaft samt Zentralbanken und Aufsichtsbehörden teil, um in informellen Gesprächen den Stand der EU-Entwicklungen zu erfahren und gegebenenfalls zu beeinflussen. Außerdem bietet sich für die EU ein hervorragender Rahmen, um die Reaktionen auf neue Entwicklungen zu hören und abzutesten.

Unter der österreichischen Ratspräsidentschaft findet im September 2018 das Treffen in Wien statt, aber 2016 ist noch Rumänien an der Reihe und die EUROFI-Konferenz wird in Bukarest ausgerichtet.

Relativ bald steht an diesem Nachmittag der Zwischenbericht der High Level Expert Group, der HLEG, zur nachhaltigen Finanzwirtschaft zur Sprache. Ein Kommissionsbeamter erläutert den Plan, Nachhaltigkeit ins Zentrum der Investitionsaktivitäten zu stellen. „Wie sieht das die Industrie?", fragt der Vorsitzende und gibt das Wort weiter. Im Saal ist es still, der Chief Investment Officer eines der größten Investmentfonds der Welt ist am Wort. „Der Schlüssel zum Erfolg", sagt er, „liegt in der zeitlichen Abfolge der Maßnahmen. Solange also keine Klarheit besteht, was mit Nachhaltigkeit genau gemeint ist, können wir den geplanten Maßnahmen nicht zustimmen."

Er erläutert das Problem anhand eines Beispiels aus seiner langjährigen Investmenterfahrung: Einer der von seinen Teams gemanagten Fonds war unter anderem auch in eine iberische Mediengruppe investiert, deren Hauptgeschäft sich im Zeitungs- und weiteren Medienbusiness befand. Nicht nur unverdächtig, sondern als Beitrag zur Informationsgesellschaft unverzichtbar für die Demokratie. Allerdings war eine Tochtergesellschaft des Konzerns ihrerseits über eine weitere Enkelgesellschaft an einem Unternehmen beteiligt, das in Spanien Stierkämpfe organisierte. Einer der Großinvestoren im Fonds verlangte nun, dass die Mediengruppe sofort aus dem Fonds entfernt werden sollte: Stierkämpfe seien eine tierquälerische Aktivität und mit nachhaltigen Prinzipien unvereinbar. „Ich bin selbst kein Fan von Stierkämpfen", erklärte der Chief Investment Officer, „aber die Mediengruppe war unzweifelhaft ein hervorragendes Investment." Die Aktie aus dem Fonds zu entfernen, hätte für die anderen Investoren einen klaren Nachteil bedeutet. Die Regulierung verlangt aber vom Fondsmanager, im besten Interesse der Anteilseigner zu handeln. „Wie sollen wir mit diesem Wespennest umgehen, wenn sie uns nicht völlig klare Richtlinien geben, was nachhaltig ist?" Der Applaus des randvoll gefüllten Saals zeigt der Kommission, dass hier ein wunder Punkt der Industrie liegt. Eine genaue Definition des Begriffs „nachhaltig", eine sogenannte „Taxonomie", ist eine Voraussetzung für die Akzeptanz aller weiteren Regelungen.

Wir haben die Taxonomie im Grundsatz schon weiter oben in Kapitel 1 beschrieben: Die Taxonomie legt technische Kriterien fest, anhand derer festgestellt werden kann, ob eine Aktivität ein Nachhaltigkeitsziel im Sinne der EU Verordnungen maßgeblich fördert. Im März 2020 wurde – nach mehreren vorläufigen Fassungen und zahlreichen Kommentaren – die aktuell finale Version einer ersten Taxonomie für die ersten zwei EU-Umweltziele, Klimaschutz und Anpassung an den Klimawandel, veröffentlicht. Dabei handelt es sich um eine Liste von technischen Maßzahlen für wirtschaftliche Aktivitäten, geordnet nach dem Klassifikationssystem der EU, den NACE-Codes. Diese technischen Kriterien legen für jede wirtschaftliche Aktivität fest, welche genauen Maßzahlen eine Aktivität erfüllen muss, damit sie im Sinne der EU-Umweltziele als nachhaltig gilt.

Die Taxonomie entspricht damit genau einem Wunsch der Investmentindustrie: Klarheit. Wir haben weiter oben als Beispiel die Taxonomie-Kriterien zum Stadttransport angeführt: Als Maßzahl werden die direkten Emissionen von CO_2-Äquivalenten pro Passagierkilometer definiert. Stadtwerke, deren Flotte 0g CO_2e/pkm erreichen, sind nachhaltig, solche mit 0,1g CO_2e/pkm sind es nicht.

Genau diese Klarheit ist es, die zu starken Widerständen führt: Jedes Unternehmen kann ablesen, ob es aktuell als nachhaltig gilt und, falls nicht, nachrechnen, was die Investitionen kosten würden, um die vorgeschriebene Maßzahl zu erreichen.

Der wahre politische Konflikt scheint sich aber laut Berichten von Beratern um das Thema Atomkraft abzuspielen. Hier steht eine Front der Atomkraftgegner (insbesondere Deutschland und Österreich) jenen Staaten gegenüber, die Atomkraft als eine unverzichtbare Übergangslösung sehen, um die Klimaproblematik in der extrem kurzen zur Verfügung stehenden Zeit in den Griff zu bekommen.

Die Expertengruppe, die die Taxonomie erstellt hat, hat versucht, sich mit einer Salomonischen Lösung zu behelfen: Atomkraft trage maßgeblich zur Erreichung des Umweltziels 1 „Klimaschutz" bei, da sie Energie weitestgehend ohne Freisetzung von CO_2 produziere. Allerdings sei aktuell noch nicht klar, ob die ungeklärte Entsorgung des Atommülls nicht Umweltziel 4 „Übergang zu einer Kreislaufwirtschaft, Abfallvermeidung und Recycling", 5 „Vermeidung und Verminderung der Umweltverschmutzung" oder 6 „Schutz gesunder Ökosysteme" maßgeblich beeinträchtige („Do no significant harm"). Daher hat die Expertengruppe die Erzeugung von Energie aus Atomkraft weder als nachhaltig, noch als nicht nachhaltig eingestuft und verlangt weitere wissenschaftliche Ergebnisse vor einer Entscheidung.[101]

TEG deliberations on nuclear energy

The TEG assessed nuclear energy as part of its review on energy generation activities. Nuclear energy generation has near to zero greenhouse gas emissions in the energy generation phase and can be a contributor to climate mitigation objectives. Consideration of nuclear energy by the TEG from a climate mitigation perspective was therefore warranted.

The proposed Taxonomy regulation and thus TEG's methodology for including activities in the Taxonomy explicitly includes two equally important aspects, Substantial Contribution to one environmental objective and Do No Significant Harm (DNSH) to the other environmental objectives. In making its recommendations, the TEG used evidence and expert opinion from others, but ultimately was mandated to make recommendations about the inclusion of economic activities and screening criteria in the Taxonomy.

Evidence on the potential substantial contribution of nuclear energy to climate mitigation objectives was extensive and clear. The potential role of nuclear energy in low carbon energy supply is well documented.

On potential significant harm to other environmental objectives, including circular economy and waste management, biodiversity, water systems and pollution, the evidence about nuclear energy is complex and more difficult to evaluate in a taxonomy context. … For example, regarding the long-term management of High-Level Waste (HLW), there is an international consensus that a safe, long-term technical solution is needed to solve the present unsustainable situation. … Yet nowhere in the world has a viable, safe and long-term underground repository been established. It was therefore infeasible for the TEG to undertake a robust DNSH assessment as no permanent, operational disposal site for HLW exists yet from which long-term empirical, in-situ data and evidence to inform such an evaluation for nuclear energy.

Given these limitations, it was not possible for TEG, nor its members, to conclude that the nuclear energy value chain does not cause significant harm to other environmental objectives on the time scales in question. The TEG has not therefore recommended the inclusion of nuclear energy in the Taxonomy at this stage. Further, the TEG recommends that more extensive technical work is undertaken on the DNSH aspects of nuclear energy in future and by a group with in-depth technical expertise on nuclear life cycle technologies and the existing and potential environmental impacts across all objectives.

Damit ist aktuell ein Herzstück der EU-Strategie für eine nachhaltige Finanzwirtschaft im politischen Disput über Atomkraft blockiert.

Unglücklicherweise ist die Taxonomie noch in eine weitere extrem komplexe Diskussion geraten. Schon seit Längerem und verstärkt in den Jahren seit der Finanzkrise 2008 besteht in Europa eine Diskussion über die Angemessenheit der Maastricht-Regeln über die Staatsverschuldung. Ländern mit der sogenannten „schwäbischen Hausfrau" Deutschland an der Spitze, die ausgeglichene Staatsbudgets und eine moderate Staatsschuldenquote anstreben, stehen solche wie Italien und Frankreich gegenüber, die empfehlen, die europäische Wirtschaft (nach dem Beispiel der USA) durch Fiskalmaßnahmen anzukurbeln und dafür höhere Schulden in Kauf zu nehmen. Die Taxonomie ist in dieser Diskussion insofern relevant, als geplant ist, Nachhaltigkeitsausgaben der europäischen Staaten von den Defizitregeln von Maastricht auszunehmen. Das ist unproblematisch für den Ausbau von Wasser- oder Windkraft. Aufgrund der oben erwähnten Diskussion, ob Atomkraft nachhaltig sei oder nicht, würde eine Entscheidung, Atomkraft als nicht nachhaltig zu klassifizieren, die Ausgaben für Atomkraft in die Maastrichtgrenzen einrechnen und damit erschweren, während umgekehrt, wenn Atomkraft als nachhaltig klassifiziert werden würde, Schulden zum Ausbau der Atomkraft nicht von den Maastrichtregeln begrenzt wären.

Darüber hinaus hat am 15. Januar 2020 die EU-Kommission unter von der Leyen den EU Green Investment Plan und Just Transition Mechanism vorgestellt, der Investitionen von bis zu einer Billion

Euro über die nächsten zehn Jahre vorsieht, um die Nachhaltigkeitswende zu finanzieren. Auch hier würden nur solche Investitionen finanziert werden, die als nachhaltig definiert sind. Damit wird die Frage, ob die Taxonomie Atomkraft als nachhaltig definiert, noch einmal wichtiger und damit politisch komplexer.

Meine Hoffnung ist trotzdem, dass bis zur Veröffentlichung dieses Buches die Blockade gelöst ist und der Prozess, weitere Taxonomien für die vier anderen Umweltziele sowie für die sozialen Ziele und Governanceziele zu etablieren, in Gang gesetzt werden kann. Der Druck der Kommission in diese Richtung ist jedenfalls positiv.

Für Investoren wird der Beschluss der Taxonomien unschätzbare Vorteile bringen: Mit der Klarheit, was genau mit „nachhaltig" gemeint ist, wird eine maßgebliche Quelle der Unsicherheit für die Investmentindustrie beseitigt werden. In der Taxonomieverordnung ist auch (in der letzten Fassung von Dezember 2019) vorgesehen, Produkte mit klaren Kennzeichnungen zu versehen, ob der bei ihrer Investmentauswahl angewandte Prozess den EU-Kriterien entspricht.[102]

Article 4γ

> *Transparency of other financial products in pre-contractual disclosures and periodic reports*
>
> *Where a financial product is not subject to Articles 8(1) and Articles 9(1), (2) and (3) of the Disclosure Regulation, the information to be disclosed in accordance with the provisions of sectoral legislation referred to in Articles 6(3) and 11(2) of that Regulation shall be accompanied by the following statement:*
>
> *'The investments underlying this financial product do not take into account the EU criteria for environmentally sustainable investments.'*

Damit würde sich die Taxonomie zu einem einheitlichen EU-Standard entwickeln. Denn kaum ein Produkt würde sich vermutlich einen Aufkleber ähnlich den Gesundheitswarnungen auf Zigarettenpackungen wünschen, nach dem er nicht der Taxonomie entspricht.

Bis dahin müssen Investoren noch auf die Bewertungen von privaten Research-Häusern oder auf regionale und lokale Labels schauen, um die Nachhaltigkeit eines Produkts von unabhängigen Dritten bewerten zu lassen. Diesem Aspekt der Nachhaltigkeit wenden wir uns jetzt zu.

Private Dienste und lokale Labels

Wir haben nun die globalen Ziele der Nachhaltigkeit gesehen, sowie die Umsetzung dieser Ziele in europäische Regeln. Die europäischen Regeln definieren sehr klar (vorbehaltlich dem Inkrafttreten und der Fertigstellung der Taxonomie), welche Kriterien eine wirtschaftliche Aktivität erfüllen muss, damit sie als nachhaltig gilt. Wie können Sie als Investor oder Berater wissen, welche Unternehmen ihr Fonds- oder Pensionsmanager als nachhaltig auswählt? Und woher bekommt der Manager die notwendigen Daten, um die Aktien oder Anleihen zu beurteilen?

Der MSCI Global Aktienindex, einer der traditionell für globale Aktienprodukte verwendeten Indizes, zählt mehr als 1.650 Aktien. Die Worldwide Federation of Stock Exchanges, eine globale Vereinigung von Aktienbörsen, zählt darüber hinaus noch einmal mehr als 46.000 Aktien, die die Liquiditäts- oder Größenkriterien des MSCI Global nicht erfüllen, und kommt auf weltweit 48.000 an Börsen notierte Aktien. Selbst wenn all diese Unternehmen die notwendigen Daten zur Beurteilung ihrer Nachhaltigkeit veröffentlichen würden, wäre die Analysearbeit, um eine Best-in-Class-Reihung zu erstellen oder um Ausschlusskriterien wirksam zu überwachen, enorm.

Diese Arbeit mit eigenen Analysten durchzuführen, ist damit nur einigen wenigen globalen Häusern mit eigenen Research-Teams möglich. Viele Manager verzichten auf diesen Kostenblock und kaufen die Analysedienstleistung von externen Anbietern ein.

Research-Dienste

Mit dem Wachstum der nachhaltigen Investments hat sich auch der kommerzielle Sektor der Research-Dienste für Nachhaltigkeit rasch weiterentwickelt. Zahlreiche Unternehmen bieten inzwischen Research, Reports und Rankings für Unternehmen und Finanzprodukte wie Investmentfonds an.

Große Anbieter auf diesem Markt, die Sie als Investor oder Berater oft finden werden, sind (ohne Anspruch auf Vollständigkeit oder eine Reihung) Sustainalytics, ein auf Nachhaltigkeitsdaten spezialisierter Berater, Refinitiv (früher Thomson-REUTERS), ein globaler Datenlieferant, zu dem auch der bekannte REUTERS-Dienst gehört, Morningstar, der traditionelle Lieferant von Investmentfondsdaten, und MSCI, der globale Benchmarkproduzent.

Sustainalytics und Refinitiv liefern Unternehmensdaten. Sie können also von Investmentmanagern als Basis für deren Entscheidung herangezogen werden, welche Unternehmen ihren Nachhaltigkeitskriterien entsprechen. Dabei können die Daten von einem oder mehreren Datenlieferanten verwendet werden und gegebenenfalls noch eigenes Research für bestimmte Unternehmen, Industrien oder Länder gemacht werden. Sowohl Sustainalytics als auch Refinitiv liefern Nachhaltigkeitsdaten für mehr als 400 Datenpunkte für Tausende börsennotierte Unternehmen.

MSCI liefert auch Unternehmensdaten ist aber – auch aufgrund ihres Hauptgeschäfts als Indexproduzent – stark bekannt für die Produktion von Nachhaltigkeitsindizes. MSCI gibt sowohl Indizes auf

Ausschlussbasis heraus (die also auf Basis bekannter Indexmethodologien bestimmte Werte, Industrien oder Kriterien ausschließen), als auch getiltete Indizes, die bei der Konstruktion bestimmte Nachhaltigkeitskriterien einbeziehen. Ein Beispiel ist die Familie der MSCI Global Low Carbon Leader Index, die jeweils anstreben, einen mindestens 50% niedrigeren Carbon Footprint, gemessen an Emissionen und Reserven, als der Originalindex zu haben und gleichzeitig die Abweichung gegen den Originalindex (gemessen am Tracking Error) minimieren. Investmentmanager können zum Beispiel einen der MSCI Nachhaltigkeitsindizes passiv replizieren (und benötigen dann überhaupt kein eigenes Nachhaltigkeitsresearch) oder einen solchen Index als Basis nehmen und nur mehr Über- oder Untergewichtungen auf Basis ihres eigenen Research vornehmen.

Ist es für Investoren oder Berater wichtig, ob ein Investmentmanager seine Nachhaltigkeitsentscheidungen selbst oder auf Basis eines Research-Providers trifft? Die drei genannten Research-Unternehmen (und sicher auch noch andere) sind hochprofessionelle Unternehmen, die ausgezeichnetes Research liefern. Wenn ein Manager daher seine Entscheidungen auf Basis der Daten eines Providers trifft, können sie genauso gut sein, wie wenn er sie auf Basis eines umfassenden inhouse durchgeführten Researchs trifft. Außerdem ist, falls er nicht wie der globale Marktführer über mehrere hundert Analysten verfügt, eine zugekaufte Datenbasis vermutlich besser.

Die Problematik liegt darin, dass alle Provider ihr Research nicht nur als Datenpunkte liefern, sondern auch in Form von Ratings für einzelne Unternehmen. Dazu werden die Ergebnisse der einzelnen relevanten Datenpunkte des Unternehmens aggregiert, um zu einem Gesamtscore zu kommen. Diese Gesamtscores sollten theoretisch zwischen großen Providern weitestgehend übereinstimmen, da man annehmen würde, dass grundsätzlich Übereinstimmung dahingehend besteht, was ein nachhaltiges Unternehmen ist und was nicht. Leider ist das nicht der Fall: Der globale Fondsmanager Schroders hat die

Unternehmensrankings der großen Provider verglichen und nur eine extrem niedrige Korrelation zwischen ihnen festgestellt. Wenn zwei Provider immer identisch urteilen würden, wäre die Korrelation 1, wenn sie einander in jedem Punkt widersprechen wäre sie 0, im Endergebnis der Schroders-Analyse liegt sie zwischen 0,2 und 0,6.[103]

The links are loose between the various ratings providers

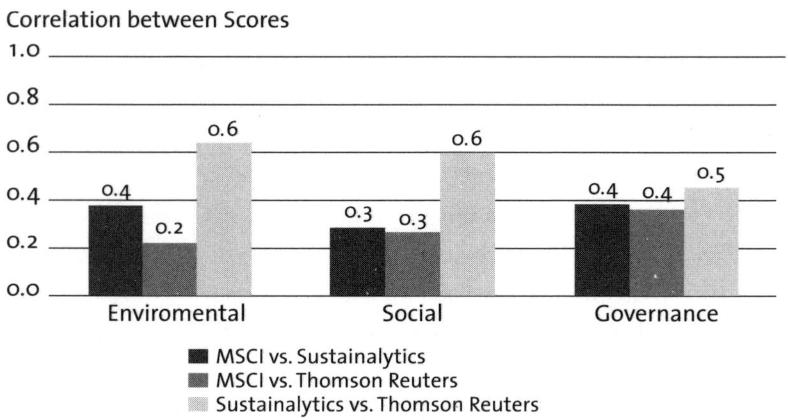

Für einen Investor oder Berater macht es daher einen Unterschied, ob ein Fonds die Auswahl seiner Titel auf Nachhaltigkeitsrankings von MSCI, Sustainalytics oder Refinitiv aufbaut. Es ist aber nicht von vornherein klar, was der Unterschied ist, da die Gewichtung der verschiedenen Datenpunkte in den Rankings unterschiedlich sein kann. Im Endergebnis wird der Unterschied nur begrenzt von Bedeutung sein. Aber es kann natürlich sein, dass, wenn ein Investor zwei Fonds vergleicht, die von unterschiedlichen Datenprovidern ihre Rankings beziehen, der eine Fonds ein Unternehmen ausschließt, das der andere hoch gewichtet. Aggregierte Nachhaltigkeitsrankings sind, das müssen Beratern ihren Kunden auch mitgeben, aktuell keine exakte Wissenschaft.

Labels und Rankings

Viele Investoren wollen aber gar nicht so tief in die Materie einsteigen. Sie wollen eine einfache Art festzustellen, ob ein Fonds nachhaltig ist oder nicht. Für diesen Zweck haben kommerzielle und zum Teil auch staatliche Anbieter sogenannte „Labels“ bzw. Siegel oder Rankings für Finanzprodukte entwickelt. Aktuell finden wir in Deutschland und Österreich Labels und Rankings für Investmentfonds, Versicherungen sowie Pensions- und Vorsorgekassen.

Labels, Siegel und Rankings

Labels haben für Investoren den großen Vorteil, dass sie sich mit all den Fragen, die wir in diesem Kapitel behandelt haben, nicht auseinandersetzen müssen. Die Auszeichnung mit einem Nachhaltigkeitslabel stellt auf einen Blick sicher, dass das betreffende Produkt „nachhaltig“ ist. Als Top Label bekommen Fonds zum Beispiel eine Bewertung mit fünf (von fünf) Nachhaltigkeits-Globes von Morningstar, das FNG-Siegel mit drei Sternen oder das Österreichische Umweltzeichen.

Ähnlich wie bei den oben angesprochenen Nachhaltigkeitsratings für Unternehmen, die kaum Konsistenz aufweisen, zeigt sich auch bei den angesprochenen Siegeln und Labels das Problem, dass sie eine extrem komplexe Fragestellung auf eine einzige Zahl bzw. auf eine einzige Ja/Nein-Entscheidung reduzieren müssen. Für Investoren haben solche Labels daher den großen Vorteil einer raschen Entscheidungshilfe, die vermeidet, dass man sich in Detailfragen verliert. Ein Fonds, der mit einem der Nachhaltigkeitslabels ausgezeichnet ist, hat jedenfalls viele wichtige Aspekte der Nachhaltigkeit abgedeckt.

Für Berater stellen die Labels aber eine extrem hohe Gefahr dar: Ein Label kann dazu führen, wichtige Gespräche mit dem Kunden darüber, was genau dieser an Nachhaltigkeit wünscht bzw., was er darunter versteht, abzukürzen und damit im Endergebnis eine Fehlberatung und eine mögliche Haftung zu riskieren.

Die fünf Morningstar Globes zum Beispiel zeichnen die zehn besten Prozent der Fonds relativ zu ihrer Morningstar-Vergleichsgruppe aus. Die Reihung innerhalb der Vergleichsgruppe erfolgt nach den mit dem Anteil des Werts im Fonds gewichteten Sustainalytics Risk Scores. Die Sustainalytics Risk Scores wiederum werden von Sustainalytics auf Basis von ESG-Risikokategorien berechnet, denen das Unternehmen ausgesetzt ist. Dabei werden die ESG-Risken an einen von Sustainalytics bestimmten Faktor angepasst, der angibt, wie gut das Unternehmen die Risken managt. Ein Unternehmen, das keinen ESG-Risken ausgesetzt ist bzw. Risken perfekt managt, hat einen Sustainalytics ESG-Score von 0. Ein Fonds, der nur in solche Unternehmen investiert, würde in die Morningstar Reihung mit einem Wert von 0 (aus 100) kommen. Er würde dann an der Spitze der Reihung liegen und fünf Globes erhalten.[104] Die fünf Globes zeigen also an, dass der Fonds in der Spitzenkategorie seiner Vergleichsklasse liegt, was das mögliche Risiko aus ungemanagten ESG-Risken betrifft.

Dieses Rating bezieht sich aber ausdrücklich nur auf das Risikomanagement des Unternehmens, nicht darauf, ob das Unternehmen in nicht nachhaltigen Aktivitäten tätig ist. Und so könnten sich unter den hoch bewerteten Unternehmen auch solche mit nicht nachhaltigen Aktivitäten befinden, wie zum Beispiel Tabakunternehmen.

Das sagt jetzt nichts zur Methodologie oder Qualität der Labels aus, zeigt aber, dass das Potenzial von Missverständnissen groß ist, wenn nicht klar ist, was das Label genau auszeichnet und was die Methodologie dahinter ist.

Im deutschsprachigen Raum sind drei Labels von überragender Bedeutung: das FNG Siegel, das vom Forum Nachhaltige Geldanlagen vergeben wird, das Österreichische Umweltzeichen vom Verein für Konsumenteninformation im Auftrag des Umweltministeriums (jetzt das Bundesministerium für Klimaschutz, Umwelt, Energie, Mobilität, Innovation und Technologie) und das ÖGUT Nachhaltigkeitszertifikat der Österreichischen Gesellschaft für Umwelt und Technik (ÖGUT).

Eine detaillierte Darstellung der drei Labels und ihrer Unterschiede würde die Grenzen dieses Buches sprengen. Alle drei haben grundsätzlich ähnliche Ansätze, indem sie die Qualität der Nachhaltigkeitspolitik der geprüften Fonds (FNG und UZ 49) bzw. geprüften Pensions- und Vorsorgekassen sowie Versicherungen (ÖGUT) bewerten. Ähnlichkeiten bestehen bei der Verwendung von im deutschsprachigen Raum üblichen Ausschlusskriterien wie zum Beispiel Atomkraft. Unterschiede bestehen in Details: ÖGUT verwendet die Ausschlusskriterien des Umweltzeichens (UZ49) ergänzt um Spirituosen, Tabak und Glückspiel. FNG wiederum bewertet – für die Vergabe von Sternen – die Intensität der Nachhaltigkeitsbemühungen und das Engagement der Manager mit den Portfoliogesellschaften, wofür das UZ49 Bonuspunkte vergibt. Das UZ49 hingegen schließt sowohl rote als auch grüne Gentechnik komplett aus, ein Ausschluss, der dem FNG Siegel fremd ist.

Es lohnt sich daher für Investoren, die genaue Vorstellungen davon haben, was sie unter Nachhaltigkeit verstehen, sich die Methodologie hinter den einzelnen Labels anzusehen. Für Berater gehört eine solche Prüfung jedenfalls zu den gebotenen Sorgfaltspflichten, wenn man Beratungshaftungen vermeiden will.

EU-Label

Das Risiko von Missverständnissen vergrößert sich noch weiter, wenn man die zahlreichen weiteren europäischen Labels betrachtet, die am Markt Verwendung finden. Für in Deutschland und Österreich zum Vertrieb zugelassene Fonds kommt hier vor allem noch

LuxFlag infrage, das in Luxemburg für in Europa zugelassene Luxemburger Fonds vergeben wird, sowie eine Reihe von französischen Labels.

Im Rahmen des Sustainable Finance Action Plans wurde ein Projekt für ein europaweites einheitliches Label gestartet. Die Grundannahme ist, dass das bestehende EU Eco-Label auch für Finanzprodukte vergeben werden soll. Die Arbeit an diesem Projekt ist jedoch erst in der Anfangsphase, und erste Treffen der Expertengruppe zeigen schon die fundamentalen Schwierigkeiten, die sich einem solchen Projekt stellen. So wünschenswert ein einheitliches Label wäre, erwarte ich hier keinen raschen Erfolg.

Die Finanzindustrie reagiert

Der 750 Milliarden Dollar Gorilla oder Die Finanzindustrie nimmt Nachhaltigkeit ernst

Selbst an der an große Zahlen gewöhnten Wall Street macht die Ankündigung am 15. Dezember 2019 Schlagzeilen: 750 Milliarden Dollar! 750 Milliarden Dollar, die ein Finanzinstitut über die nächsten zehn Jahre in Nachhaltigkeitsprojekte investieren will.

Aber genauso viel Lärm wie die enorme Summe macht der Name des Instituts: Goldman Sachs! Goldmans, wie der Markt sie nennt, eine der mächtigsten, wenn nicht die mächtigste Investmentbank an der Wall Street mit einer Reputation für beinharte Businessentscheidungen und einem stählernen Zugriff auf die wichtigsten Hebel der globalen Finanzmärkte. Ein unfreundlicher Kommentator hatte sie jüngst „the vampire squid of Wall Street" genannt, die blutsaugenden Krake der Wall Street. Und jetzt kündigt David Solomon, der CEO von Goldmans an, dass die Investmentbank diese enorme Summe in Projekte zur Bekämpfung des Klimawandels und zur Förderung inklusiven Wachstums investieren wird.

Ein REUTERS-Kommentator vermerkt dazu, dass er die aktualisierte Homepage von Goldman Sachs angesehen habe. Er habe einen Hintergrund von üppigem Grün gefunden und ein Banner über Goldmans' Verpflichtung zur nachhaltigen Finanzwirtschaft. Er habe sich gefragt ob er „in einem Paralleluniversum" gelandet sei.[105]

Der scheinbare Schwenk wird aber von Goldmans trocken und klar wie immer kommentiert. Dies sei eine rein kommerzielle Entscheidung. Die Firma habe einfach auf der Basis ihres mächtigen Researchs festgestellt, dass Nachhaltigkeit ein zentraler Faktor für die Wirtschaftsentwicklung der nächsten Dekade bzw. Dekaden sein wird. „Dies ist ein Market Call", analog zum Ausblick für Zinsen oder das Wirtschaftswachstum sagt dazu John Goldstein, Leiter von Goldman Sachs' Bereich für Nachhaltige Finanzierung.[106] *Die Firma wird ihre Investitionen auf zwei Bereiche konzentrieren: den Klimawandel und inklusives Wachstum. Unter diesen zwei Bereichen wiederum auf neun Geschäftsfelder: Zum Klimawandel zählen die Unterbereiche saubere Energie, nachhaltiger Verkehr, nachhaltige Lebensmittel und Landwirtschaft, Abfall und Kreislaufwirtschaft, ökologische Dienstleistungen. Zum inklusiven Wachstum gehören die Unterbereiche zugängliche und leistbare Gesundheitsdienste, finanzielle Inklusion, zugängliche und leistbare Ausbildung und nachhaltige Gemeinschaften. Ein klar strategisch fokussierter Businessplan.*

Dann legt Goldmans sofort nach. Die Firma wird gleichzeitig ihre Kreditpolitik im Umweltbereich deutlich verschärfen: keine Finanzierung mehr für Ölbohrprojekte in der Arktis, keine Finanzierung für neue Kohlekraftwerke, sofern das Projekt keine Rückgewinnung und Speicherung des emittierten CO_2 *vorsieht, keine Finanzierung für neuen thermischen Kohlebergbau. Damit zieht sich Goldmans auch aus Lieblingsprojekten von Präsident Trump zurück: Erst im November 2019 hatte die Trump-Administration die Öffnung der Arctic Refuge Wildlife Reserve, dem nördlichsten Naturschutzgebiet der USA, für die Ölförderung angekündigt.*

Das Motto der Wall Street war bisher von Gordon Gecko im ikonischen Film „Wall Street" als „Greed is good!" – Geldgier ist gut! beschrieben worden. Mit Goldmans' Entscheidung findet die Wall Street zu ihrem neuen Motto: „Green is good!"[107]

Wir haben im vorherigen Kapitel gesehen, wie die politische Entwicklung sowohl auf globaler Ebene als auch in Europa die Weichen in Richtung Nachhaltigkeit neu stellt. Diese „Umleitung der Finanzströme" bietet für die Finanzwirtschaft einerseits neue, attraktive

Geschäftsfelder. Wie das Beispiel von Goldmans zeigt, zögern die großen Player auch nicht, auf diesen Zug aufzuspringen und diese Chancen zu ergreifen. Zum anderen bricht ein neuer „Regulierungs-Tsunami" über die Industrie herein. Veröffentlichungspflichten, Risikointegration, Beratungspflichten. In Europa kommt noch dazu, dass die meisten dieser neuen Pflichten nicht in Richtlinien festgelegt werden: Bis eine neue Richtlinie lokal umgesetzt ist, kann es Jahre dauern, und da ist dann genügend Zeit für die Abstimmung mit dem Regulator und Industrieverbänden. Aber so gut wie alle neuen Regeln werden durch Verordnungen oder delegierte Verordnungen eingeführt und treten somit unmittelbar in Kraft. Die großen Marktteilnehmer haben schon längst massive Arbeitsgruppen gebildet, um allen diesen neuen Anforderungen rechtzeitig gerecht zu werden.

Wie verändert sich also die Finanzindustrie unter diesem Druck und was bedeutet das für Investoren und Berater? Beginnen wir damit, uns die **Investmentindustrie** selbst und dann die wichtigsten Player dieser Industrie genauer anzusehen, die für Privatkunden und ihre Berater von Bedeutung sind, also **Investmentfonds**, **Versicherungen** sowie **Pensionskassen,** und wie sich diese in Richtung Nachhaltigkeit verändern.

Einleitung: Managed Assets – die 80.000-Milliarden-Industrie

Das weltweite Finanzvermögen beträgt per Ende 2018 knapp 360.000 Milliarden US-Dollar.[108] In diese Zahl sind finanzielle Vermögenswerte (wie Beteiligungen, Wertpapiere und Cash) und Immobilien (sofern sie nicht für Wohn- oder Gewerbezwecke genutzt werden) eingerechnet. Österreich hält davon übrigens 1.950 Milliarden (also knapp mehr als ein halbes Prozent), Deutschland 14.660 Milliarden (also ca. 4%) Von dieser Gesamtsumme wird ein Teil direkt von Kunden selbst in ihren Bankkonten, ihren Wertpapierportfolios oder als Immobilienbesitz gehalten.

Knapp ein Viertel der Gesamtsumme, um die 80.000–90.000 Milliarden, wird von spezialisierten Investmentmanagern verwaltet. Diese verwalteten Summen teilen sich auf drei große Gruppen auf: Investmentfonds, Pensionskassen und Versicherungen.

Investmentfonds

Kann chinesische Chemie nachhaltig sein?

Es ist 16:00 Uhr in London, 9:00 Uhr in Hongkong und Singapur. Das Fixed Income Team eines globalen Investmentfonds beginnt eines seiner regelmäßigen New Issue Meetings, bei denen entschieden wird, ob und welche Fonds des Hauses sich an einer Neuemission beteiligen werden. Auf der Agenda steht heute eine neue Anleihe, eine 6,4 Mrd. US-Dollar Jumbo Emission. Die Emission hat fünf US-Dollar-Tranchen mit drei, fünf, sieben, zehn und dreißig Jahren Laufzeit sowie eine Euro-Tranche. Weder die Größe der Emission noch die Laufzeiten sind ungewöhnlich; trotzdem sind die drei Räume, die über wandgroße Videoschirme verbunden sind, gesteckt voll.

Was das Interesse der Teilnehmer weckt, ist der Emittent: ChemChina, mit vollem Namen China National Chemical Corporation. ChemChina ist einer der größten chinesischen Staatsbetriebe. 2016 hat ChemChina um 43 Milliarden US-Dollar den schweizer Chemie- und Saatgutkonzern Syngenta erworben. Die chinesische Firma hat damals den Kaufpreis auch über Bankkredite finanziert. Nun möchte ChemChina mit der neuen Anleihemission billiger Geld aufnehmen und damit einen Teil der Bankkredite zurückzahlen. Mit 6,4 Milliarden US-Dollar ist das einer der größten Deals, die je von einem chinesischen Unternehmen begeben wurde.

Star des Meetings ist Alvin, einer der Analysten für den Chemiesektor in China. Alvin hat schon vor dem Meeting seine Empfehlung zirkuliert. Er empfiehlt den Fondsmanagern, die in asiatische Investment-Grade-Unternehmensanleihen investieren dürfen, die Emission zu kaufen. Nun muss er seine Empfehlung in diesem Meeting verteidigen. Auf der anderen Seite sitzt nicht nur der Investment Director Asia, sein Boss, sondern auch Bryan, der Manager des acht-Milliarden-US-Dollar-schweren Asia Fixed Income Fonds in Singapur. Aus London ist das gesamte Emerging Market Debt Team dabei, das Team, das in Anleihen von Emittenten in Entwicklungsstaaten investiert.

Dabei ist die Entscheidungstruktur der Firma sehr einfach. Fondsmanager sind zuständig dafür, Titel für den von ihnen gemanagten Fonds auszuwählen. Bei der Größe der Fonds bewegt eine positive Entscheidung typischerweise 50 bis 100 Millionen US-Dollar. Selbstverständlich treffen die Fondsmanager so eine Entscheidung nicht leichtfertig: Das Gehalt, der Bonus und schlussendlich die Karriere hängen daran.

Um diese Entscheidungen zu treffen, können die Fondsmanager auf eine Armee von knapp 140 Analysten wie Alvin zurückgreifen, die langjährige Markt- und Industrieerfahrung haben und dafür zuständig sind, einzelne Aktien oder Anleihen zu analysieren und zu bewerten: von einer sehr positiven Empfehlung „strong buy" bis hin zu einer negativen Empfehlung „strong sell".

Für Alvin, den Analysten, sieht die Welt genau umgekehrt aus. Er muss die Fondsmanager davon überzeugen, die Titel, die er zum Kauf empfiehlt, auch zu kaufen. Denn gemessen wird er am Ende des Jahres daran, ob die Titel, die er empfohlen hat, sich besser entwickelt haben als der Markt und ob jene, für die er eine Verkaufsempfehlung gegeben hat, sich schlechter entwickelt. Damit aber noch nicht genug: Er muss auch sicherstellen, dass seine Empfehlungen tatsächlich in die Realität umgesetzt werden, das heißt, in den Portfolios der Fondsmanager auch gekauft werden. Es genügt nicht, wenn er hervorragende Analysen schreibt. Wenn diese keiner liest oder befolgt, bleibt am Ende des Jahres für ihn nichts übrig. Er muss auch die Fondsmanager davon überzeugen, dass seine Empfehlung die richtige ist, und dazu bringen, seine Empfehlungen tatsächlich in ihre Portfolios zu kaufen. Und das sind keine einfachen Kunden denn – siehe oben – ihre Karriere hängt daran, ob das eine gute Empfehlung ist. Das ist heute Alvins Aufgabe.

Das Meeting beginnt standardmäßig: Alvin erläutert die Details der neuen Emission, erklärt für jede der Tranchen, wie sich ihre Verzinsung von der vergleichbarer Staatsanleihen unterscheidet (den „Spread") und welche vergleichbaren Emissionen von ChemChina oder anderen chinesischen und internationalen Unternehmen in den entsprechenden Laufzeiten im Markt sind: eine „Rich-Cheap Analysis".

Bis dahin ist alles ziemlich klar: eine gut gepreiste Emission bei der nur das Risiko besteht, dass sie im Aftermarket unter Druck gerät.

Dann kommt plötzlich ein kritischer Einwurf von einem der Fondsmanager: Er hat sich als Unterzeichner des UNPRI-Kompakts dazu verpflichtet, Nachhaltigkeit in seinen Resarchprozess zu integrieren. Und auch die neue europäische delegierte Verordnung zur UCITS-Richtlinie verlangt, dass Fondsmanager ihren Nachhaltigkeitsprozess veröffentlichen. Da ist die Frage offensichtlich: ChemChina produziert Chemikalien und dabei entstehen hochgiftige Abfallprodukte. Ist Alvin sicher, dass ein chinesisches Staatsunternehmen bei seiner Produktion internationale Umweltstandards einhält?

Alvin ist auch auf dieses Thema hervorragend vorbereitet: Er hat, wie üblich, nicht nur publizierte Daten und Berichte analysiert, sondern auch direkt mit der Unternehmensführung gesprochen. Die Antwort ist klar:

ChemChina liegt bei den Emissionswerten besser als vergleichbare internationale Unternehmen. Alvin rattert weitere Zahlenreihen zu Emissionswerten und Abfallentsorgung herunter. Aber es geht nicht nur um Umweltfragen, die Analyse umfasst alle drei Bereiche: Umwelt, Soziales und Unternehmensführung. In allen drei Bereichen ist ChemChina zwar kein führendes Unternehmen aber gut aufgestellt und auch im Vergleich zu internationalen Konkurrenten auf dem richtigen Weg. Dazu wird die Akquisition von Syngenta wichtige Beiträge leisten, um die Nahrungsmittelsicherheit in China zu stärken.

Nach zwei Stunden intensiver Befragung sind sich die Fondsmanager einig: Die Empfehlung ist gut, jetzt wird jeder in seinen Portfolios erste Positionen in der neuen Emission aufbauen. Dabei war natürlich das attraktive Pricing der Emission eine Voraussetzung, aber ohne Alvins umfassende Analyse der Nachhaltigkeit bei ChemChina hätte es keine Investition gegeben.

Investmentfonds sind das am weitesten verbreitete Investmentprodukt für den breiten Markt. Global werden aktuell 55.200 Milliarden US-Dollar in offenen Investmentfonds verwaltet.[109] Davon sind in Deutschland etwas über 2.000 Milliarden, in Österreich über 150 Milliarden domiziliert. Wenn man den gesamten Markt der im Inland gekauften Fonds betrachten möchte, muss man zu diesen Zahlen noch die ausländischen Fonds (vorwiegend Luxemburger Fonds) hinzurechnen, die in Deutschland bzw. Österreich zum Vertrieb zugelassen und hier verkauft wurden. Somit erhöht sich das Volumen noch einmal um ca. ein Drittel.

Für die Produzenten von Investmentfonds, die Investmentgesellschaften, die in Österreich Kapitalanlagegesellschaften, in Deutschland Kapitalverwaltungsgesellschaften genannt werden, ist Nachhaltigkeit eine sehr komplexe Herausforderung. Sie bringt zum einen neue Chancen und Absatzmöglichkeiten, zum anderen aber nicht nur einen enormen administrativen Aufwand sondern, wie wir weiter unten sehen werden, auch eine fundamentale Umstellung des Herzstücks der Investmentgesellschaft, des Investmentprozesses.

Neue Absatzchancen

Wir haben es ganz zu Beginn schon erwähnt: Mit der öffentlichen Aufmerksamkeit auf das Thema Klimawandel und Nachhaltigkeit ist auch die Bereitschaft der Investoren, in nachhaltige Produkte zu investieren, massiv angestiegen. In Österreich zum Beispiel hat sich das Volumen an nachhaltigen Investmentfonds 2019 fast verdoppelt: Das Fondsvolumen erhöhte sich von rund 5,79 Milliarden Euro auf 10,55 Milliarden, ein Plus von mehr als 45%.[110] Damit bilden Nachhaltige Investmentfonds allerdings immer noch weniger als 6% des gesamten Investmentfondsvolumens. Es besteht also noch deutlich Luft nach oben.

Diese Steigerung das Marktanteils an nachhaltigen Investmentfonds spielt sich auf zwei Ebenen ab. Zum einen ist es tatsächlich neues Geld, das hier in nachhaltige Fonds fließt. Vertriebe berichten davon, dass Kunden sich mit dem Thema wohlfühlen und eher bereit sind, die Sicherheit des gewohnten Sparbuchs zu verlassen und in Investmentfonds zu investieren, weil sie das Thema Nachhaltigkeit auch emotional berührt. Zum anderen werden aber bestehende Fonds auf Nachhaltigkeit umgestellt. Es fließt daher kein neues Geld in diese Fonds, sie werden nur ab dem Umstellungszeitpunkt nachhaltig investiert und verwaltet.

Diese Umstellung spielt sich auf zwei Ebenen ab. Das Forum Nachhaltige Geldanlagen, das FNG, hat sie in seinen Jahresberichten sehr richtig erfasst. Es unterscheidet seit 2018 zwischen „nachhaltigen Geldanlagen“ und „verantwortlichen Investments“. Dabei sind nachhaltige Geldanlagen solche, wo die Nachhaltigkeit auf Produktebene verankert ist. Also zum Beispiel ein „nachhaltiger Aktienfonds Europa“. Verantwortliche Investments sind solche, bei denen die Nachhaltigkeit „nur“ auf Ebene der Gesellschaft verankert ist.[III] Das ist insbesondere der Fall, wenn die Gesellschaft Nachhaltigkeit in alle ihre Investmentprozesse integriert aber die Fonds selber nicht spezifisch auf Nachhaltigkeit ausgerichtet sind.

Das FNG hat bisher nur Zahlen für 2018 veröffentlicht. Aber schon 2018, einem sehr schwierigen Anlagejahr, in dem so gut wie alle Anlagekategorien negative Ergebnisse gebracht haben, ist das Volumen an verantwortlichen Investments und nachhaltigen Geldanlagen in Deutschland und Österreich massiv gewachsen. In Deutschland stieg das Volumen an nachhaltigen Investmentfonds und Mandaten von 92 auf 133 Milliarden Euro, in Österreich von knapp 15 auf 21 Milliarden Euro.

Wie die Zahlen für Österreich schon belegen, hat sich dieser Trend 2019 sogar noch beschleunigt. Für Investoren und Berater wird daher die Anzahl an nachhaltigen Fonds weiter stark ansteigen. Für 2020 erwartet Investoren daher eine weitaus größere Auswahlmöglichkeit für nachhaltige Anlagen. Wie ich weiter unten erwähne, ist derzeit die Auswahl an speziell klimaorientierten Investmentmöglichkeiten noch begrenzt. 2020 sollte sich diese sehr rasch ändern.

Nachhaltige Investmentfonds und Mandate in Deutschland (in Milliarden Euro) [112]

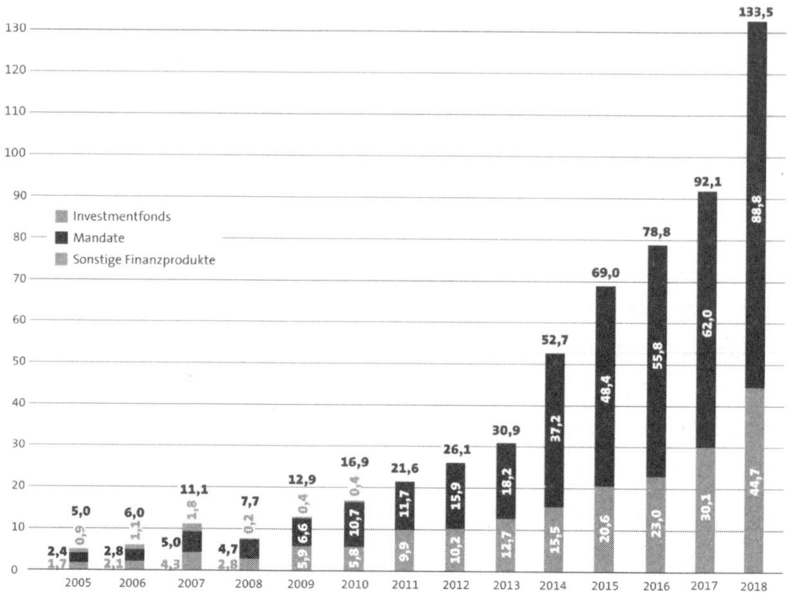

Daten: FNG - Forum Nachhaltige Geldanlagen

Nachhaltige Investmentfonds und Mandate in Österreich (in Milliarden Euro) [113]

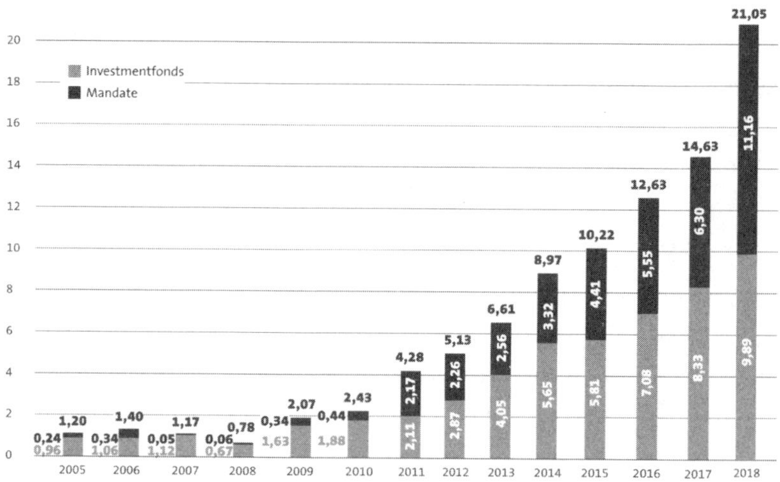

Daten: FNG - Forum Nachhaltige Geldanlagen

Die Umstellung der Investmentprozesse

Diese Veränderung zeigt aber gleichzeitig auch den enormen Druck an, unter dem die Investmentgesellschaften stehen. Ihre eigenen Vertriebseinheiten, ihre Kunden und der Druck der EU-Regulierung drängen sie zur Nachhaltigkeit. Ich habe es oben schon bei der Beschreibung der PRI (Principles for Responsible Investment) erwähnt: Ohne die Verpflichtung zu den PRI gibt es so gut wie keine Teilnahme an internationalen Ausschreibungen für große Mandate mehr. Aber die benötigte Umstellung auf Nachhaltigkeit ist extrem komplex.

Die einfachste Art der Umsetzung einer Nachhaltigkeitsstrategie ist eine Strategie, die ich weiter oben schon beschrieben habe – Exclusion: der Einsatz von Ausschlusskriterien. Es werden zum Beispiel alle Produzenten von thermischer Kohle und alle Energieproduzenten, die mehr als einen gewissen Prozentsatz ihrer Energie aus Kohle erzeugen, aus dem Portfolio ausgeschlossen. Die Umsetzung einer solchen Strategie in den Investmentprozess ist einfach. Jeder Investmentprozess beginnt mit einem Investmentuniversum, aus dem der Fondsmanager dann einzelne Titel auswählt. Für einen europäischen Aktienfonds kann dieses zum Beispiel aus allen Aktien eines bestimmten Index, zum Beispiel des MSCI Europe Index bestehen. Über diese Liste von knapp mehr als 400 Aktien würden viele Investmentprozesse weitere Filter legen, so zum Beispiel einen Liquiditätsfilter, um Aktien auszuschließen, deren tägliches Handelsvolumen unter einem bestimmten Wert liegt. Nach Anwendung dieses Filters bleibt eine bestimmte Anzahl von Aktien übrig, aus denen der Portfoliomanager dann nach seinen eigenen weiteren Kriterien auswählt, um am Ende ein Portfolio von 60 bis 100 Aktien zu bilden. Es ist weitestgehend unproblematisch, ebenso einen „Kohlefilter" über das Investmentuniversum zu legen, ohne dass dadurch der Investmentprozess fundamental verändert wird, solange genügend Aktien zur Auswahl übrig bleiben. Mit Ausnahme der Kohleaktien, die aus dem Universum entfernt wurden, sollten sich die

Reihung und Gewichtung der übrigen Aktien im Endportfolio kaum ändern.** Die alleinige Anwendung von Ausschlusskriterien ist allerdings, wie ich oben schon erwähnt habe, kaum mehr ausreichend, um Nachhaltigkeitssiegel zu erhalten. Sowohl das FNG als auch das österreichische Umweltzeichen verlangen zum Beispiel klare weitere Schritte im Sinne von dokumentierten Investmentprozessen, Engagement oder anderen Maßnahmen. Das FNG definiert auch in seinem Marktbericht Investmentfonds, die nur Ausschlusskriterien anwenden, im Gegensatz zur früheren Praxis jetzt nicht mehr als nachhaltige Geldanlagen.[114]

Die zum Beispiel von den PRI verlangte Integration von ESG-Kriterien ist allerdings fundamental anders. Bei der Integration soll ja der Fondsmanager ESG-Kriterien bei der Aktienauswahl berücksichtigen, daher sollte sich die Auswahl und Reihung der Aktien nach Berücksichtigung der ESG-Kriterien von einer Reihung ohne ESG-Kriterien unterscheiden. Diese Veränderung greift aber ins Herzstück jeder Investmentgesellschaft ein. Der Fondsmanager, der bisher zum Beispiel mit einem „Value-Ansatz" Aktien nach ihrem KGV gereiht und ausgewählt hat, muss nun zwischen einer Aktie mit niedrigem KGV aber auch niedrigen ESG-Werten und einer teureren Aktie mit höherem KGV aber auch besseren ESG-Werten abwägen.

Diesen komplexen Umstellungsprozess finden wir derzeit bei so gut wie allen Investmentgesellschaften. Bei einigen noch in Planung, bei vielen gerade im Gange, bei manchen – teilweise schon seit längerem – abgeschlossen. Für Investoren und Berater bedeutet das, dass sich hier für einige Zeit genaueres Hinsehen lohnt, ob die generellen Ankündigungen von Nachhaltigkeit auch tatsächlich in klaren Strategien umgesetzt werden.

Diese Problematik findet sich natürlich bei passiven Produkten nicht: Deren Prozess besteht ausschließlich aus der Replizierung eines Index.

** Ich simplifiziere hier bewusst ein komplexes Problem der Korrelation. Klar ist, dass das Portfolio weiterhin Faktoren wie Inflation oder Rohstoffe ausgesetzt bleiben muss und daher andere Titel diese factor inputs liefern müssen.

Hier wird die Problematik aber einfach auf die Konstruktion des Index verschoben. Und auch hier finden wir schon Indizes, die „nachhaltig" heißen, und deren Top 10 Positionen ausschließlich IT- und Finanztitel sind. Auch hier lohnt sich das genaue Hinsehen für Investoren und Berater.

Es gibt aber keinen Zweifel, dass dieser Prozess weitergehen und Etikettenschwindel sehr schwierig werden wird, denn die EU-Kommission (und damit auch die lokalen Aufsichtsbehörden) haben einen sehr klaren Fokus zur Vermeidung von Greenwashing.[115]

Veröffentlichungspflichten

Unter „Greenwashing" versteht man die Absicht, traditionelle Investments mit einer dünnen Schicht grüner Farbe zu übertünchen und als nachhaltige Investments zu verkaufen.

Genau diesem Greenwashing wird durch die von der EU neu vorgeschriebenen Veröffentlichungspflichten ein Riegel vorgeschoben. In den Erwägungsgründen zur Publizitätsverordnung erwähnt die Kommission diese Ziele ausdrücklich:[116]

> *Zur Erhöhung der Transparenz und Unterrichtung der Endanleger sollte der Zugang zu Informationen darüber, wie Finanzmarktteilnehmer und Finanzberater relevante – wesentliche oder wahrscheinlich wesentliche – Nachhaltigkeitsrisiken in ihre Investitionsentscheidungsprozessen einschließlich der Aspekte der Organisation, des Risikomanagements und der Unternehmensführung solcher Prozesse bzw. in Beratungsprozesse einbeziehen, reguliert werden, indem von den betreffenden Unternehmen verlangt wird, Kurzinformationen über diese Maßnahmen auf ihren Internetseiten bereitzustellen.*

> *Um die Zuverlässigkeit der Informationen zu gewährleisten, die auf den Internetseiten von Finanzmarktteilnehmern und Finanzbera-*

tern veröffentlicht werden, sollten diese Informationen stets auf dem neuesten Stand gehalten werden und sollte jede Überarbeitung oder Änderung solcher Informationen klar erläutert werden.

Die Publizitätsverordnung schafft dazu zwei neue Kategorien von nachhaltigen Produkten: Finanzprodukte, die ökologische oder soziale Merkmale bewerben („hellgrüne Investments"), und Finanzprodukte, mit denen positive Auswirkungen auf Umwelt und Gesellschaft angestrebt werden („dunkelgrüne Investments"). Für beide gibt es Publizitätsvorschriften (in unterschiedlicher Tiefe), die ein Greenwashing stark erschweren werden.

Bei gut organisierten Investmentgesellschaften werden jetzt schon Arbeitsgruppen organisiert, die diese Veröffentlichungen und deren laufende Aktualisierung planen und entsprechende organisatorische Maßnahmen treffen. Für große Investmentgesellschaften sind solche Prozesse unmöglich händisch und ad hoc umzusetzen. Es braucht dazu eigene Datenschnittstellen, Prozesse und Anweisungen, damit die relevanten Informationen rechtzeitig zum Inkrafttreten der Verordnung auf Hunderten und Tausenden von Webseiten in bis zu dreißig verschiedenen Sprachen erscheinen.

Für Investoren und Berater allerdings wird sich auf den Webseiten der Investoren eine neue Fülle an Informationen finden lassen, aus denen die wahre Nachhaltigkeit der vielen neuen angebotenen Investmentfonds abzulesen sein wird.

Pensions- und Vorsorgekassen

Als zweite große Gruppe der istitutionellen Anleger finden wir die Anbieter von kapitalgedeckter Altersvorsorge, auf die auf Englisch sogenannten „Pension Funds". Diese Gruppe fasst alle Einheiten zusammen, die

Altersvorsorge anbieten und die dafür notwendigen Reserven im Kapitalmarkt anlegen (im Gegensatz zu den Pay-as-you-go-Systemen wie die österreichische Sozialversicherung, die die Altersvorsorge aus den laufenden Mitgliedsbeiträgen zahlt). Diese Gruppe ist etwas unübersichtlicher: Zu ihr gehören sowohl die betriebliche Altersvorsorge (die sogenannte zweite Säule), als auch kapitalgedeckten staatlichen Systeme mit Zwangsbeiträgen (also Einheiten der ersten Säule). In Österreich und Deutschland gehören dazu Pensionskassen, in Deutschland auch Unterstützungskassen und die – traditionell der ersten Säule zugerechneten – Versorgungswerke. In Österreich finden wir dazu noch als Spezifikum die Vorsorgekassen, mit denen die betriebliche Abfertigung, die Mitarbeitern zusteht, wenn sie den Betrieb verlassen, kapitalgedeckt abgewickelt wird.

International sind die Pension Funds die wirklich großen Player im Bereich Investmentmanagement. Mit mehr als 44.000 Milliarden US-Dollar unter Verwaltung per Ende 2018[117] sind sie nur unwesentlich kleiner als die gesamte Investmentfondsindustrie. Ungefähr ein Fünftel der Gesamtsumme entfällt dabei mit 7.700 Milliarden Euro auf Europa.[118]

Pension assets by country

Country	Assets (€bn)	Country	Assets (€bn)
UK	1,869.0	Finland	189.0
Netherlands	1,436.3	Italy	168.6
Norway	1,059.3	Ireland	36.2
Germany	668.8	Portugal	31.8
Switzerland	626.6	Austria	30.7
Denmark	548.3	Iceland	28.0
Sweden	442.5	Belgium	27.1
France	273.3	Spain	26.4
CEE	244.6	Other	38.1
Total			**7,725**

Daten: IPE Research

International finden wir Giganten wie die kalifornische CALPERS, die größte US-amerikanische Pensionskasse der zwei Millionen kalifornischen Staatsangestellten mit 372 Milliarden US-Dollar Anlagevermögen. In Europa sind große Marktteilnehmer in dieser Gruppe der norwegische Staatsfonds, der aus den Erträgen der norwegischen Öleinkünfte gespeist wird und 1025 Milliarden Euro investiert, oder die schwedischen AP Pensionsfonds mit 164 Milliarden Euro. Deutschland hat insgesamt 670 Milliarden Euro Anlagevermögen, das durch Pension Funds verwaltet wird. Darunter finden wir zum Beispiel die Bayerische Versorgungskammer, die zwölf Versorgungswerke für bayerische Beamte zusammenfasst. Die gesamte Anlagesumme, die die Bayerische Versorgungskammer damit verwaltet, beträgt 78 Milliarden Euro.

Österreich ist vergleichsweise, sowohl im Vergleich zu Deutschland, aber auch im europäischen Umfeld, weitaus schwächer aufgestellt. Das gesamte Pensionskassenvermögen beträgt nur 30 Milliarden Euro.

Pensionskassen können daher als Investoren ein hohes Gewicht als Aktionäre oder Anleihegläubiger in die Waagschale werfen. Wie reagieren sie auf den Trend zur Nachhaltigkeit?

Pensionskassen: Vorläufer der Nachhaltigkeit

Im Gegensatz zu offenen Investmentfonds, die täglich auf Rücklösungen der Anleger und damit auf die Auflösung von Anlagen vorbereitet sein müssen, ist die Investition bei Pensionskassen typischerweise bis zum Pensionsantritt gebunden und wird danach in eine lebenslange Rente umgewandelt. Diese ist wiederum, abzüglich der monatlichen Rentenauszahlungen, bis ans Lebensende gebunden. Pensionskassen haben daher einen weitaus längeren Anlagehorizont als Investmentfonds. Damit sind sie naturgemäß besser geeignet und auch philosophisch näher an langfristigen Konzepten wie Nachhaltigkeit.

Viele Pensionskassen haben daher schon frühzeitig, noch lange vor der aktuellen Diskussion, Nachhaltigkeit in ihre Anlagephilosophie integriert. In Deutschland finden wir schon 2003 bei der Metallrente, als einem der ersten deutschen Pensionsfonds die Nachhaltigkeit im Portfolio umsetzen, eine Exclusion-Policy[119] und 2012 die Unterzeichnung der Principles for Responsible Investment. Inzwischen setzt sich Nachhaltigkeit als Standard bei deutschen Pensionskassen stärker durch. Die Bayerische Versorgungskammer wirbt zum Beispiel inzwischen damit, dass sie als erste deutsche Altersvorsorgeeinrichtung die Principles for Responsible Investment unterzeichnet hat.

Die Art, wie Nachhaltigkeit im Portfolio umgesetzt wird, variiert allerdings stark. Die Bayerische Versorgungskammer zum Beispiel setzt ihre Nachhaltigkeitsstrategie ausschließlich mit Engagement um und verzichtet sowohl auf Ausschlusskriterien als auch auf Best-in-Class-Ansätze.[120] Engagement ist allerdings für Altersvorsorgeunternehmen dieser Größe ein extrem wirksames Instrument: Wenn sich ein Investor mit 78 Milliarden Euro Anlagevermögen meldet, hört jeder Vorstand eines börsennotierten Unternehmens sehr genau zu. Daher ist ein Engagementansatz sicher erfolgsversprechend.

Wir setzen auf Engagement!

Bei der Konzeption der Nachhaltigkeitsstrategie wurden die verschiedenen Ansätze – Best in Class, Ausschlussprinzip oder Engagement-Ansatz – mit Blick auf unseren Versorgungsauftrag analysiert.

Sowohl das Ausschlussprinzip als auch der Best-in-Class-Ansatz haben für unseren Versorgungsauftrag systematische Schwächen. So kann bei einem noch so strengen Ausschlussprinzip letztlich für uns nicht garantiert werden, dass wirklich nur nachhaltige Investments getätigt werden. Dennoch gibt es Bereiche, zum Beispiel Streubombenhersteller, die wir als mögliche Investments ausschließen.

Andererseits verhindert der Best-in-Class-Ansatz gerade eine diversifizierte Kapitalanlage und scheidet für uns aus Risikogesichtspunkten aus. Wir haben uns für den sogenannten Engagement-Ansatz entschieden, also die Einflussnahme auf Unternehmen über Stimmrechte, da wir davon überzeugt sind, nur durch einen konstruktiven Dialog mit den Unternehmen unseren maximalen Einfluss ausüben zu können, um diese zum nachhaltigen Wirtschaften anzuhalten. Unser Auftrag als Treuhänderin erfordert es, optimale Renditen zu erwirtschaften und zugleich eine stabile, langfristig ertragreiche und sichere Kapitalanlagepolitik umzusetzen.

Der Engagement-Ansatz des „aktiven Investors" entspricht auch am umfassendsten den oben vorgestellten Prinzipien für verantwortungsbewusstes Investment. In der Praxis bedeutet dies, dass wir auf allen Ebenen, die uns als Investor zur Verfügung stehen, den Gedanken des nachhaltigen Investierens fördern und fordern. Wir suchen dabei den Dialog mit allen unseren Geschäftspartnern und nehmen maximale Einfluss in allen Anlagebereichen, um ein erfolgreiches und nachhaltiges Wirtschaften im Sinne der PRI-Richtlinien zu gewährleisten. Bei allen unseren Anlageentscheidungen ist es uns wichtig zu wissen, bei wem wir unser Geld investieren. So fordern wir vor jeder Investition eine angemessene Offenlegung der ESG-Faktoren bei den Gesellschaften, in die wir investieren wollen.

Bei anderen Pensionskassen ist der Ansatz aus öffentlichen Dokumenten nicht immer leicht erkennbar. Für Investoren und Berater ist das insofern nicht zufriedenstellend, als es im Bereich der betrieblichen Altersvorsorge kaum Auswahlmöglichkeiten gibt. Wer in einem bestimmten Unternehmen oder in einer bestimmten Industrie arbeitet, hat für die betriebliche Pension (oder die Leistungen des ständischen Versorgungswerks) keine Auswahlmöglichkeit außerhalb der Pensionskasse des Betriebs oder der überbetrieblichen Einheit. Anders bei der dritten Säule, den privat gewählten Pensionen. Für die Investoren, die klare Wünsche in Bezug auf Nachhaltigkeit und die Strategie, die zur Umsetzung eingesetzt wird, haben, lohnt sich der Blick in die Veröffentlichungen der Kassen und Werke.

In Österreich sind die Vorsorgekassen die Vorreiter der Nachhaltigkeit. Alle acht bestehenden Vorsorgekassen (Allianz Vorsorgekasse, APK Vorsorgekasse, BONUS Vorsorgekasse, BUAK Betriebliche Vorsorgekasse, fair-finance Vorsorgekasse, Niederösterreichische Vorsorgekasse, Valida Plus, VBV Vorsorgekasse) haben sich inzwischen zu umfassenden Nachhaltigkeitskriterien verpflichtet. Die Erfüllung dieser Verpflichtung lassen die Vorsorgekassen auch jährlich von der Österreichischen Gesellschaft für Umwelt und Technik (ÖGUT) überprüfen, die bei erfolgreicher Überprüfung das ÖGUT Zertifikat in Gold, Silber oder Bronze vergibt. Für das Jahr 2018 wurden alle Vorsorgekassen mit Gold oder Silber ausgezeichnet.

Die ÖGUT Prüfung umfasst dabei drei Bereiche: Grundsätze und Methodik (Berücksichtigung der Nachhaltigkeit im Veranlagungskonzept bzw. der Anlagepolitik), Portfolio (Berücksichtigung der Nachhaltigkeit in der Umsetzung des Veranlagungskonzepts, d. h. in der konkreten Veranlagung) und Umfeld (Transparenz, Kommunikation und Engagement). Die drei Kriterien werden umfassend in einem Anforderungsprofil im Vorhinein kommuniziert.[121] Alle Beschäftigten in Österreich und jene Selbständige, die Abfertigungsbeiträge in einer Vorsorgekasse ansparen, können daher sicher sein, dass ihre Anlagen nachhaltig verwaltet werden. Auch die österreichischen Pensionskassen haben eine starke nachhaltige Ausrichtung mit umfassenden Nachhaltigkeitskonzepten.

Was ändert sich für „Institutions for Occupational Retirement Provision" (IORPs) wie Pensionskassen im EU-Rechtsenglisch heißen? Genau analog zu Investmentfonds müssen IORPs ab Inkrafttreten der Disclosure Regulation am 10. März 2021 „auf ihren Internetseiten Informationen zu ihren Strategien zur Einbeziehung von Nachhaltigkeitsrisiken bei ihren Investitionsentscheidungsprozessen" veröffentlichen.[122] Damit sollte jedenfalls die Informationslage für Mitglieder klarer werden. Ändert sich etwas bei den Kassen selbst?

Anlagestrategie der Pensionskassen

Ob und wie stark sich die Anlagestrategie ändert, kommt sehr stark darauf an, ob die Pensionskasse selbst direkt anlegt oder ob sie, wie viele Pensionskassen, einen Großteil der Anlagen zur Verwaltung an Investmentmanager vergibt. Dabei kann die Verwaltung entweder in Form von Investmentfonds oder von maßgeschneiderten Mandaten erfolgen. In Deutschland vermeldet der BVI, dass von den 680 Milliarden Euro Kapitalanlagen der Einrichtungen zur Altersvorsorge 58% in Investmentfonds veranlagt sind.[123]

Wenn die Pensionskasse selbst anlegt, muss ihr Augenmerk ganz klar auf dem Risiko und Ertragsprofil des Investmentvermögens für die Pensionsverpflichtungen, der sogenannte Veranlagungs- und Risikogemeinschaft (VRG), liegen. Hier muß der Pensionskassenmanager entscheiden, welche Investmentstrategie er verfolgt und inwieweit eine bestimmte Nachhaltigkeitsstrategie seine Erträge beeinträchtigen könnte oder umgekehrt sein Risiko erhöhen oder ermäßigen könnte. Wie wir oben gesehen haben, sind die Antworten der Pensionskassen sehr unterschiedlich.

Wenn die Anlage vorwiegend in Investmentfonds erfolgt, muss die Pensionskasse nur sicherstellen, dass der Investmentfondsmanager selbst die gewünschten Nachhaltigkeitskriterien bei der

Veranlagung berücksichtigt. Dazu haben einige Pensionskassen extrem ausgefeilte Systeme entwickelt, die über ein Punktesystem die Nachhaltigkeit der zugrundeliegenden Investmentfonds bewerten. Dadurch wird dann sichergestellt, dass das Pensionskassenvermögen selbst nachhaltig investiert ist.[124]

Die BASF Pensionskasse beschreibt diese Situation wie folgt:[125]

> *Berücksichtigung ökologischer, sozialer und die Unternehmensführung betreffender Belange im Rahmen der Anlagepolitik*
>
> *Die Pensionskasse misst der Berücksichtigung ökologischer, sozialer und die Unternehmensführung betreffender Belange einen hohen Stellenwert bei (im Folgenden kurz als ESG = Environment/Social/Governance bezeichnet).*
>
> *Hierfür analysieren wir kontinuierlich die Balance aus ökonomischen, ökologischen und sozialen Aspekten innerhalb des Pensionsvermögens und verfolgen intensiv die Entwicklung im Bereich ESG. Da das Kapital primär von externen Investmentmanagern verwaltet wird, sind ESG-Kriterien ein integraler Bestandteil unseres Auswahlprozesses. Wir legen großen Wert auf die Anerkennung und Einhaltung der Principles for Responsible Investments (PRI) durch unsere mandatierten Vermögensverwalter. Bei der Steuerung unserer Portfolios orientieren wir uns auch an global geltenden UN-Richtlinien, indem wir zum Beispiel Unternehmen, die Streubomben herstellen, ausschließen. In unserer Rolle als Aktionär engagieren wir uns in ausgewählten Ländern mittels unserer Stimmrechte (ab einer Mindestbeteiligung) aktiv für eine nachhaltige Governance in den von uns investierten Unternehmen.*

Zusammenfassend halten wir fest: Für Investoren gibt es bei Pensionskassen nur beschränkte Auswahlmöglichkeiten. Trotzdem ist es wichtig zu wissen, ob ihr angespartes Geld bereits nachhaltig veranlagt wird. Die Situation ist hier uneinheitlich: uneingeschränkt nachhaltig bei österreichischen Vorsorgekassen, weitestgehend nachhaltig bei Pensionskassen, unterschiedlich bei deutschen Einrichtungen.

Die Informationslage wird sich aber spätestens ab 2021 mit dem Inkrafttreten der Disclosure Regulation deutlich verbessern.

Versicherungen

Decarbonize! Die Bombe platzt genau vor dem Mittagessen.

Am 22. Mai 2015 endet beim Climate Finance Day in der einsetzenden Mittagsmüdigkeit ein Panel über klimabezogene Aktivitäten der Versicherer. Die Konferenz wurde von der Europäischen Investment Bank, der EIB, gemeinsam mit einer der wichtigsten französischen Finanzinstitutionen, der Caisse des Dépôts et Consignations, der CDC, organisiert. Unter dem provokativen Untertitel „How to shift the Trillions“ soll der Stillstand in den Bemühungen um die Finanzierung der Aktivitäten gegen den Klimawandel thematisiert werden. Die Konferenz ist Teil der Bemühungen Frankreichs, das im Dezember in Paris stattfindende 21. Nachfolgetreffen der UN-Rahmenkonvention gegen den Klimawandel (der UNFCC) zum Erfolg zu machen. So findet der Climate Finance Day natürlich auch in Paris statt, diesmal im ehrwürdigen Hauptquartier der UNESCO am Rande des Champ de Mars, wo die diese seit 1958 in einem inzwischen etwas altertümlichen modernistischen Gebäude ihren Sitz hat.

Das Versicherungpanel ist hochkarätig und vorwiegend von Experten besetzt. Um 12:15 Uhr, genau vor dem Mittagessen, ist es noch einmal

Zeit für den Auftritt der Stars: Zum einen Purna Saggurti, der Chef des globalen Investment Bankings der Bank of America Merrill Lynch. Mit über 12,5 Milliarden US-Dollar an jährlichen Kommissionseinnahmen ist das Investment Banking Team gemeinsam mit den Teams von Goldman Sachs, JP Morgan und Morgan Stanley einer der zentralen Akteure im internationalen Investmentbanking. Wer viel Geld über eine große Aktien- oder Anleiheemission aufnehmen will, kommt an diesen vier Teams nicht vorbei. Saggurtis Team kann Milliarden an Investitionsvolumen bewegen.

Der Star der Session mit dem vielversprechenden Titel „Focus on Commitments" ist aber zweifelsohne der zweite Sprecher, Henri de Castries, der ehemalige Generaldirektor der AXA Versicherung.

De Castries ist einer der brilliantesten Köpfe der Versicherungswelt. Wie alle maßgeblichen Figuren im französischen Finanzestablishment ist de Castries ein Absolvent der Eliteschule École Nationale d'Administration, der ENA. Die Absolventen, die „Enarques", bilden einen engen Elitekreis, zu dem auch Gérard Mestrallet, der ehemalige Generaldirektor der mächtigen Compagnie de Suez gehört, der die Eröffnungsrede des Climate Finance Day gehalten hat. Wie alle Enarques untereinander duzt auch de Castries Mestrallet. De Castries sticht aber auch in diesem elitären Kreis hervor. Er hat die Transformation der AXA von einer kleinen regionalen Versicherung in Le Mans zu einem globalen Versicherungriesen, die sein Vorgänger Claude Bébéar begonnen hat, zu Ende geführt. Als sich de Castries 2016 zurückzieht, ist AXA je nach Maßzahl der zweit- bzw. drittgrößte Versicherungskonzern der Welt. Schon im Mai 2015 hat AXA mehr als 1000 Milliarden US-Dollar Vermögen unter Verwaltung. Und gerade weil de Castries ein extrem erfolgreicher globaler Manager ist (er spricht außer seinem gebürtigen Französisch perfektes Englisch und hervorragendes Deutsch), erkennt er den Druck, unter den die Klimakrise Versicherer setzt.

Der Beginn der Rede ist noch nicht geeignet, die Teilnehmer aus dem Halbschlaf zu wecken, der solche Konferenzen vor dem Mittagessen ereilt. De Castries beschreibt den Wechsel in der Wahrnehmung der Klimarisken in der Finanzwelt, ein bekanntes Thema. Doch dann wird er konkret: Versicherer, sagt de Castries, haben eine duale Rolle, Schutz und Investition.

Zum einen Schutz – von Personen, Gütern und realen Anlagen – und zum anderen Investition – um diesen Schutz zu ermöglichen. Und im Investitionsbereich kommt nun der Sprengsatz mit de Castries' Ankündigung seines „Commitments": AXA wird seine gesamten intern gemanagten Assets aus der Kohleindustrie abziehen, eine halbe Milliarde Euro. Mit einem Schlag ist der Raum hellwach.

AXA ist damit der erste Versicherer, der nicht nur schrittweise Änderungen verspricht, sondern einen radikalen Schritt mit klaren Konsequenzen setzt. Wie AXA später in der detaillierten Ankündigung klarstellen wird, betrifft das auch alle Energieunternehmen, die mehr als 50% ihrer Energie aus Kohle erzeugen. Nicht nur die Kohleindustrie, sondern auch jener Teil der Energiewirtschaft, die noch nicht auf Nachhaltigkeit umgestellt hat, verliert einen der größten Investoren weltweit.

De Castries tritt damit eine Lawine los. Bis Ende 2018 haben sich 19 der weltweit größten Versicherer seinem Vorgehen angeschlossen und Kohleinvestments aus ihren Portfolios entfernt. Die Umstellung erreicht auch die Risikoseite: in einem Bericht schreibt Willis Towers Watson, ein globaler Versicherungsmakler, davon, dass es zunehmend schwieriger wird, Versicherung für Kohleprojekte zu finden.

Nach de Castries' Initialzündung setzt sich die gigantische Versicherungsindustrie in Bewegung für den Klimaschutz.

Versicherer spielen in der Finanzwelt eine besondere, dreifache Rolle.

Zum einen sind sie Kapitalsammelstellen, ähnlich den Pension Funds. Genau wie die oben beschriebenen Pensionskassen müssen sie aus den vereinnahmten Prämien im Laufe der Zeit wieder Versicherungsleistungen erbringen, die sie nach aktuarischen Prinzipien voraussagen. Sie müssen daher sicher sein, dass die Erträge aus vereinnahmten Prämien und Erträge aus den Veranlagungen die zukünftig zu erwartenden Auszahlungen decken. Global verwalten die Versicherer knapp 24.000 Milliarden US-Dollar Veranlagungen, was sie zur drittgrößten Gruppe der globalen institutionellen Investoren macht.

Darüber hinaus haben sie aber noch zwei weitere Rollen: Sie sind Risikomanager und sie transferieren Risiko.

Als Risikomanager entscheiden sie darüber, welche Risken versicherbar sind und daher von Unternehmen in Kauf genommen werden können. Private Unternehmen werden Investitionen, deren Risken nicht versicherbar sind, kaum eingehen. Damit steuern Versicherungen maßgeblich die Investitionstätigkeit und Entwicklung der Wirtschaft.

Schließlich aber haben sie eine zentrale Rolle im Risikotransfer. Im Gegenzug für die knapp fünf Milliarden Versicherungsprämien, die die Industrie jährlich einnimmt, übernimmt die Versicherungsindustrie Risken, deren Transfer auf eine breite Basis (vom Versicherten zum Versicherungsunternehmen und weiter vom einzelnen Versicherungsunternehmen zu Rückversicherern) sicherstellt, dass wenn ein Risiko schlagend wird, es nicht die wirtschaftliche Basis des betroffenen Unternehmens infrage stellt.[126]

Wie wirkt sich nun die neue Nachhaltigkeitsregulierung auf Versicherer aus? Beginnen wir mit den Veranlagungen und wenden uns später dem Risiko zu.

Veranlagungen

Im Bereich der Veranlagungen müssen wir zwei große Bereiche unterscheiden: einerseits die **fondsgebundene Lebensversicherung** und andererseits die **traditionelle Kapitallebensversicherung** sowie die **Sachversicherung**.

Fondsgebundene Lebensversicherung

Die **fondsgebundene Lebensversicherung** ist ein Anlageprodukt, das ein Investment in Fonds mit einer Er- und Ablebensversicherung kombiniert. Während der gesamten Laufzeit besteht der Schutz einer Ablebensversicherung für den Todesfall, gleichzeitig wird unter dem Vertrag aber auch für eine Erlebensversicherung angespart, die bei Ende der Laufzeit einen Betrag entweder in bar oder als Rente auszahlt. Die Sparraten während der Laufzeit werden (abzüglich der Kosten und der Prämie für die Ablebensversicherung) nach Wahl des Versicherten in einen oder mehrere Investmentfonds aus einer vom Versicherer bereitgestellten Auswahl investiert. Der Betrag, der bei Erleben ausgezahlt wird, richtet sich nach den Erträgen, die mit den gewählten Investmentfonds während der Laufzeit erzielt wurden.

Das Produkt ist also, mit Ausnahme des zusätzlichen Ablebensschutzes, ganz ähnlich einem Sparplan in einen Investmentfonds. Aus diesem Grund behandelt der Regulator das Produkt auch weitestgehend wie einen Fondssparplan. Der Anbieter eines „Insurance Based Investment Product" muss nach den Bestimmungen der Publizitätsverordnung die gleichen Aspekte veröffentlichen wie der zugrundeliegende Investmentfonds: Berücksichtigung der Nachhaltigkeit bei Investitionsentscheidungen, Auswirkungen von Nachhaltigkeitsrisken etc. Für den Vertrieb von fondsgebundenen Lebensversicherungen wird auch die gleiche Pflicht wie für Investmentprodukte gelten. Nach einer (am 31. Dezember 2019 noch nicht endgültig beschlossenen) Änderung einer delegierten Verordnung zur Insurance Distribution Directive werden Berater beim Vertrieb von fondsgebundenen Lebensversicherungen Kunden fragen müssen, ob sie eine Präferenz für nachhaltige Produkte haben. Auch hier ist die Annahme der Kommission, dass nach Umsetzung dieses Vorschlags Finanzströme in der fondsgebundenen Lebensversicherung „in Richtung Nachhaltigkeit umgelenkt werden".

Für Investoren wird dies daher eine Erinnerung bieten, dass es auch in der fondsgebundenen Lebenversicherung Nachhaltigkeitsprodukte gibt. Sofern es im vom Versicherer angebotenen Fondskatalog kein Nachhaltigkeitsprodukt gibt, wird hier Druck vonseiten des Vertriebs entstehen, den Fondskatalog entsprechend zu erweitern. Für Berater gilt hier dasselbe wie zu den Investmentfonds Gesagte. Das Risiko eines Missverständnisses mit dem Kunden ist hoch und die (Pflicht-)Veröffentlichungen des Versicherers **und** des zugrundeliegenden Fonds, welche Art der Nachhaltigkeit genau angeboten wird, sollte genau auf die abgefragten Bedürfnisse des Kunden abgestimmt sein.

Kapitallebensversicherung

Für die Kapitallebensversicherung (und die Sachversicherung, die ich im Folgenden vernachlässige) stellt sich die Frage komplett anders. Denn bei der Kapitallebensversicherung sagt der Versicherer dem Versicherten eine bestimmte Leistung zu und muss die Prämien in den sogenannten Deckungsstock so investieren, dass er die Leistung bei Fälligkeit erbringen kann. Hier gilt wieder das oben zu den selbst veranlagten VRGs in Pensionskassen. Das Hauptaugenmerk des Versicherers muss auf das Verhältnis zwischen der Verpflichtung aus den eingegangenen Versicherungen, den erwarteten Erträgen und dem eingegangenen Risiko liegen. Dazu macht die Regulierung der Versicherungsindustrie in der Solvency II Richtlinie genaue und extrem strenge Vorgaben.

Solvency II verlangt von den Versicherungen, laufend genügend Kapital bereitzuhalten, um das Risiko, dass die Versicherung ihre Verpflichtungen nicht erfüllen kann, abzudecken. Eines der Risken, das die Versicherung abdecken muss, ist das Veranlagungsrisiko. Falls daher Nachhaltigkeitsrisken mögliche Verluste im Anlageportfolio bewirken könnten, muss die Versicherung für diese Risken Kapital bereithalten. Im Endergebnis begrenzt das vorhandene Kapital damit die Möglichkeit der Versicherung, neues Geschäft zu schreiben. Die europäische Aufsichtsbehörde der Versicherungsindustrie, EIOPA, hat in einer Anfragebeantwortung festgehalten, dass Nachhaltigkeitsrisiken Teil der schon bestehenden und in den Risikosystemen der Versicherungen zu erfassenden Risken sind. In dieser Sicht kann auch die (oben für AXA beschriebene) Entscheidung von großen Versicherungen, Kohlewerte aus ihren Portfolios zu entfernen, als reine Risikoentscheidung verstanden werden: Bei Kohlewerten besteht die Gefahr, dass sie durch zukünftige Regulierungen und Marktentwicklungen stark an Wert verlieren könnten. Kohlewerte aus den Portfolios zu entfernen, reduziert damit das Kapitalverlustrisiko im Portfolio. Wir werden weiter unten sehen, wie diese Logik breite Unterstützung in der Net Zero Asset Owners Alliance findet.

Risiko

Über das Kapitalverlustrisiko im Anlageportfolio birgt aber Nachhaltigkeit auch noch Underwritingrisken, also das Risiko, dass die Versicherung aufgrund einer Versicherungspolizze Schäden ersetzen muss. Allein im Klimabereich sind die Zahlen enorm. In ihrem jährlichen Global Insurance Outlook schätzt Ernst & Young die Gesamtkosten aus versicherten Naturkatastrophen 2017–2018 auf

237 Milliarden Dollar. Dazu kommen noch von E&Y geschätzte 221 Milliarden US-Dollar unversicherte Katastrophenrisken.

Daher sehen Versicherer die Anpassung ihrer Anlageportfolios auch als strategische Maßnahme, um den Wandel der Industrie in Richtung Klimaneutralität zu beschleunigen. Wie Henri de Castries in seiner Rede in Paris festgehalten hat:[127]

> *„Wir haben in Wahrheit keine Wahl: Eine 2 °C Welt könnte vielleicht noch versicherbar sein, eine 4 °C Welt ist es sicher nicht."*
>
> *Henri de Castries, CEO AXA*

Zusammenfassung

Die gesamte Investmentindustrie steht vor einer großen Veränderung in Richtung Nachhaltigkeit. Kaum ein Teil der 80.000 Milliarden, die die Industrie verwaltet, wird von der Umstellung verschont bleiben.

Für die **Investmentfondsindustrie** hat die Umstellung schon längst begonnen. Ein Großteil der von ihr verwalteten Gelder sind UCITS-Investmentfonds und damit täglich rücklösbar. Eine Umstellung der Kundenpräferenzen in Richtung Nachhaltigkeit macht sich unmittelbar bemerkbar. Dazu kommt der Druck von Großanlegern und der Regulierung in Richtung Nachhaltigkeit. Damit wird die Investmentfondsindustrie gezwungen sein, den Kern ihrer Prozesse, das Investmentmanagement, in Richtung Nachhaltigkeit umzustellen. Gleichzeitig kommt auf die Industrie ein erheblicher Regulierungsdruck zu. Umfassende Veröffentlichungen und Aufklärungspflichten werden Kunden mehr Klarheit über die Nachhaltigkeit des Angebots geben und „Greenwashing" verhindern.

Für **Pensionskassen und andere Altersvorsorgeeinrichtungen** hat der Umstellungsprozess zwar ebenfalls begonnen, er steht aber unter deutlich weniger Druck. Die langfristige Natur der Pensionszusagen ermöglicht es der Industrie, den Regulierungsdruck zur Umstellung auf Nachhaltigkeit schrittweise anzugehen. Der große Vorteil der Industrie liegt an der Flexibilität ihrer Anlageverwaltung. Durch den großen Anteil an extern vergebenen Mandaten kann die Industrie die Umstellung sehr rasch vollziehen: Es muss kaum ein interner Anlageprozess umgebaut werden, die Veränderung kann oft dadurch erfolgen, dass Fonds ausgetauscht oder Mandate an Investmentmanager neu vergeben werden.

Für die **Versicherungsindustrie** schließlich zeigt sich ein gemischtes Bild. Die langfristige Natur der Lebensversicherungsverträge verhindert ein rasches Abspringen der Kunden und ermöglicht im Prinzip auch hier eine langsamere Umstellung der Deckungsstöcke. Dazu kommt eine kürzere Reaktionszeit, wenn „nur" Fonds ausgetauscht oder Mandate verändert werden müssen. Gleichzeitig gilt es aber, das Image des Unternehmens zu schützen. Die meisten Versicherer sind in vielen Sparten tätig und müssen sicherstellen, dass sie auf Veränderungen der Kundenmeinung rasch reagieren. Daher zeigt sich auch hier ein hohes Angebot an neuen nachhaltigen Produkten, auch wenn die Durchdringung der Anlagen mit diesen noch länger dauern wird.

Für alle Industrien gilt, dass in Europa schon bald erhebliche neue Transparenz- und Veröffentlichungspflichten gelten und Kunden daher viel klarer sehen können werden, wie schnell die Umstellung vor sich geht und was genau das Angebot an nachhaltigen Produkten ist.

Genau diesem Thema wenden wir uns jetzt im Spezialbereich des Klimawandels zu.

Nachhaltig investieren gegen die Klimakrise: Was tun?

In den vorhergehenden Kapiteln haben wir die Theorie nachhaltigen Investierens umfassend besprochen. Wir haben die verschiedenen möglichen Ziele einer nachhaltigen Investition besprochen und den Klimaschutz und die Anpassung an den Klimawandel als zwei mögliche und von der EU als Umweltziele definierte Ziele gefunden. Wir haben die verschiedenen Strategien: Exclusion, Best in Class, Engagement, Impact und Thematic und deren Bandbreite erörtert. Und wir haben sowohl den regulatorischen Hintergrund als auch die Entwicklung in der Finanzbranche analysiert.

Jetzt ist es Zeit, uns der Praxis zu widmen. Wenn Sie als Investor, oder – falls Sie Berater sind – wenn Sie und Ihr Kunde aktiv spezifisch gegen den Klimawandel investieren wollen, was können Sie jetzt tun? Im folgenden Abschnitt geben wir einen Überblick über die aktuellen Möglichkeiten für durchschnittliche Privatanleger, gegen den Klimawandel zu investieren. Natürlich ist dies nur ein stichtagsbezogener Überblick und auch nur eine grobe Stichprobe. Die betreffenden Informationen sind aktuell schwer zu finden und über zahlreiche Dokumente und Webseiten verstreut. Daher lautet meine Bitte jedenfalls, sich vor einer Investition noch umfassend beraten zu lassen.

Es besteht allerdings die Hoffnung, dass die Suche nach Investitionen gegen den Klimawandel in Zukunft einfacher wird. Die 2° Investing Initiative, ein internationaler Thinktank hat angekündigt, im Juli 2020 eine Plattform für Retailinvestoren live zu schalten, die die Suche nach nachhaltigen Investments vereinfachen soll.[128]

Vorbemerkung: Muss ich auf Ertrag verzichten?

Zuerst müssen wir mit einem Mythos aufräumen, der immer wieder in Gesprächen über nachhaltige Investition auftaucht. Dieser behauptet, dass nachhaltig investieren Ertrag kostet, dass man dann zwar ein besseres Gewissen, aber ein kleineres Bankkonto hat. Die Behauptung stimmt so nicht, aber wir wollen sie kurz im Detail ansehen, damit Sie als Investor oder als Berater die Hintergründe der Diskussion analysieren können.

Harry Markowitz und die Efficient Portfolio Theory

Das theoretische Fundament der Investmentindustrie stammt – eigentlich überraschenderweise – erst aus dem Jahr 1952. In diesem Jahr publiziert Harry Markowitz im Journal of Finance unter dem Titel „Portfolio Selection" einen wahrhaft bahnbrechenden Artikel.[129] Markowitz geht es um zwei Themen: zum einen um Risikodiversifikation, zum anderen um optimale Portfolios. Risikodiversifikation ist die klassische Empfehlung, nicht alle Eier in einen Korb zu legen, also verschiedene Risken zu kombinieren. Damit stellt man sicher, dass, falls ein Risiko schlagend wird, nur ein (kleiner) Teil des Portfolios betroffen ist. Markowitz gelingt der Nachweis, dass diese alte Börsenweisheit wissenschaftlich fundiert ist. Zum anderen geht es Markowitz darum, wie ein optimales Portfolio gestaltet sein muss. Hier weist Markowitz nach, dass es für jeden Investor ein optimales Portfolio gibt, das für eine bestimmte Ertragserwartung oder für eine bestimmte Risikotoleranz optimiert ist.

Auf Markowitz' Arbeit geht die Erkenntnis zurück, dass das Risiko eines Portfolios sinkt, wenn zahlreiche Wertpapiere darin enthalten sind, die nicht „korreliert“ sind, also nicht im Gleichklang auf Risken reagieren. Ein stark vereinfachtes Beispiel ist ein Portfolio, das aus einer Fluglinienaktie und einer Ölgesellschaft besteht. Wenn der Ölpreis steigt, fällt die Fluglinie (wegen gestiegener Kerosinpreise), während die Ölgesellschaft steigt (weil ihre Ölreserven mehr wert werden). Das Gegenteil gilt, wenn der Ölpreis fällt. Damit ist das Risiko von Ölpreisschwankungen „wegdiversifiziert“.

Was bedeutet diese Erkenntnis für nachhaltige Portfolios?

Ertragsstrukturen nachhaltiger Portfolios

Nachhaltige Portfolios schließen typischerweise gewisse Werte aus, zum Beispiel traditionell Produzenten von geächteten Waffen. Darüber hinaus ignorieren sie gewisse Werte wie ertragreiche aber nicht sehr nachhaltige Unternehmen. Die Behauptung lautet nun, dass jeder Ausschluss von Aktien das Universum, aus dem der Portfoliomanager auswählen kann, verkleinert und damit seine Möglichkeit, optimale Portfolios zusammenzustellen, reduziert. Denn es könnte ja sein, dass genau die ausgeschlossene Aktie einen wichtigen Ertrags- oder Diversifikationsbeitrag zum Gesamtportfolio geleistet hätte und damit die optimale Diversifikation nach Markowitz unmöglich wird.

Theoretisch ist diese Behauptung richtig, in der Praxis allerdings vollkommen irrelevant. Bei über 43.000 börsengehandelten Aktiengesellschaften weltweit und einem Durchschnittsbestand von 60–100 Aktien in einem globalen Aktienportfolio ist der Ausschluss von einigen nicht nachhaltigen Aktien auch theoretisch nachweisbar unbedeutend.

In jüngerer Zeit findet man eher das genaue Gegenteil: Studien, die einen positiven Zusammenhang zwischen der Nachhaltigkeit und dem Ertrag eines Portfolios nachweisen. Das theoretische Fundament solcher Studien ist, dass es gut gemanagte und zukunftsorientierte

Unternehmen sind, die sich frühzeitig um Nachhaltigkeit bemüht haben und die daher eine Outperformance ihres Aktienkurses zeigen. Eine jüngst erschienene Meta-Studie analysiert über 2200 Studien und kommt zum Schluss, dass die meisten entweder einen positiven Zusammenhang zwischen Nachhaltigkeit und Rendite feststellen (also je mehr Nachhaltigkeit umso mehr Rendite), oder zumindest keinen negativen Zusammenhang finden.[130]

Als Beispiel können der S&P 500 Index und ein entsprechender ESG Index dienen. Die folgende Tabelle vergleicht Ertrag und Risiko des S&P 500 Index (dem Index der 500 wichtigsten US-amerikanischen Aktien) mit dem S&P 500 ESG Index, einem nach ESG-Kriterien gefilterten entsprechenden Index. Ertrags- und Risikokennzahlen über 5 Jahre sind – jedenfalls aus Sicht eines traditionellen Anlegers – so gut wie identisch.

Ertrags- und Risikovergleich des S&P500 ESG Index und S&P 500 Index

	S&P 500 Index	
	Index	**ESG Index**
5 Year Annualized Returns (Total Return, %)	10,84%	10,95%
5 Year Standard Deviation (%)	11,93%	11,89%
5 Year Tracking Error (%)		0,75%

Schließlich müssen wir in Betracht ziehen, dass alle diese Studien vergangenheitsorientiert sind. Sie analysieren nur die vergangene Beziehung zwischen Nachhaltigkeit und Performance. Wie wir weiter oben gesehen haben, nimmt in der EU der Druck auf Unternehmen, ihre Unternehmensprozesse nachhaltiger zu gestalten, massiv zu. Die Umstellung der EU auf Klimaneutralität bis 2050 wird einen extremen Wachstumsschub für nachhaltige Unternehmen allgemein, aber insbesondere für Produzenten und Zulieferer nachhaltiger

Technologie auslösen. Damit sollte Nachhaltigkeit ein Treiber für Übergewinne in den nächsten Jahren sein.

Wir können daher den Mythos, dass nachhaltiges Investieren Rendite kostet, getrost außer Acht lassen.

Achtung auf Sektoreffekte

Einen Faktor, den wir allerdings nicht übersehen dürfen, ist, ob die Art des angestrebten Nachhaltigkeitsziels die Sektorallokation meines Portfolios verändert. Nehmen wir als Beispiel einen thematischen Fonds: einen globalen nachhaltigen Wasserfonds. Nehmen wir an, dieser Beispielfonds investiert nur in globale Wasserversorger, Kläranlagen, Produzenten von Wassertechnik und ähnliche Unternehmen. Er ist zweifelsohne „nachhaltig" in dem Sinne, dass er hilft, das Umweltziel „Schutz und nachhaltige Nutzung von Wasserressourcen" zu erreichen.

Allerdings wird dieser Fonds schon von seiner Konstruktion her kaum in IT-Unternehmen investieren. Er hätte daher in den letzten Jahren in keines der sogenannten FAANG-Unternehmen (Facebook, Amazon, Apple, Netflix, Google) investiert. Die FAANG-Unternehmen haben aber einen maßgeblichen Teil der ausgezeichneten Aktien-Performance der letzten Jahre erzielt. Unser Beispielfonds hätte daher vermutlich ein wenig schlechter abgeschnitten als globale Fonds, die ohne Sektorbeschränkung investieren. Ebenso hat der Fonds in den Marktphasen, in denen IT-Unternehmen wie die FAANG-Stocks unterperformt haben, vermutlich (kurzfristig) besser performt als der Gesamtmarkt.

Dieser Effekt hat aber nichts mit Nachhaltigkeit zu tun, sondern mit Sektoreffekten. Verschiedene Sektoren des Aktienmarktes entwickeln sich unterschiedlich je nach Marktphase. Sowohl als Investor als auch als Berater muss man daher Acht geben, wie sich die getroffene Entscheidung für ein oder mehrere bestimmte Nachhaltigkeitsziele und die getroffene Entscheidung für die Strategie, um diese Ziele zu erreichen, auf Risiko- und Ertragsprofil der gewählten Anlage auswirkt. Dieser Effekt ist offensichtlich bei Strategieentscheidungen wie zum Beispiel für Impact gegen Exclusion. Eine Unternehmensbeteiligung an einem bestimmten Windpark hat offensichtlich ein anderes Risiko/Ertragsprofil als eine Investition in einen globalen Aktienfonds. Was aber leicht übersehen werden kann, ist, dass die Auswahl eines globalen Nachhaltigkeitsfonds als Nebeneffekt einen unbeabsichtigten Sektoreffekt mit sich bringt. Das ist jedenfalls ein Aspekt, der auch in der Analyse eines gewählten Fonds und im Beratungsgespräch wichtig sein muss.

Gegen den Klimawandel investieren

Wir haben im ersten Kapitel die Fragestellung „Was heißt nachhaltig investieren“ in Ziele und Strategien geteilt. Als Ziel haben wir – für dieses Kapitel – den Kampf gegen den Klimawandel festgelegt.

Dabei ist wichtig zu beachten, dass es – wie in der EU-Systematik festgehalten – zwei verschiedene klimarelevante Umweltziele gibt: zum einen den aktiven Klimaschutz, mit dem Ziel, die Erderwärmung, wie im Pariser Klimaprotokoll festgehalten, auf 2 °C, wenn möglich sogar auf unter 1,5 °C, über vorindustriellem Niveau zu begrenzen. Zum anderen gibt es aber auch als Umweltziel die Anpassung an den Klimawandel. Darunter fallen alle Maßnahmen, die ergriffen werden müssen, um die sowohl jetzt schon als auch selbst in einem 1,5 °C – 2 °C Szenario unabwendbaren Auswirkungen des Klimawandels auf unsere Umwelt und unser Leben zu begrenzen. Darunter fallen ganz andere Themen und Strategien als die Begrenzung des CO_2-Ausstoßes: Brandschutz, Hochwasserschutz, Versicherung und ähnliche Themen finden wir hier. Im Folgenden werden wir uns auf den Klimaschutz selbst, also die Begrenzung der Erderwärmung konzentrieren. Als Investor wie als Berater ist es aber wichtig zu wissen, dass auch die Anpassung an den Klimawandel ein Nachhaltigkeitsziel ist und es schon hier zu Missverständnissen kommen kann.

Wie schon in der Einführung angekündigt, fokussieren wir uns hier auf den typischen Privatinvestor. Im Folgenden lassen wir also Produkte mit oft extrem hohen Mindestbeträgen (wie typischerweise Private Equity Fonds) oder Produkte beiseite, die nur institutionellen Investoren zugänglich sind, auch wenn sie eine wichtige Rolle in der Mobilisierung von Kapital für die Nachhaltigkeit spielen. Für institutionelle Investoren gibt es einen eigenen Leitfaden des PRI zu diesem Thema, der die gleiche Systematik verfolgt wie ich hier.[131] Wir konzentrieren uns auf Investmentfonds und Lebensversicherungen, also die breiten Produkte, die oft schon mit Beträgen ab tausend Euro oder über Sparpläne mit Raten ab fünfzig Euro monatlich zugänglich sind. Außerdem streifen wir die für viele Angestellte verfügbare betriebliche Vorsorge.

Investmentfonds

Die einfachste Investition ist der Erwerb eines Investmentfonds, entweder als Einmalanlage oder – mit noch geringeren Summen – in Form eines Sparplans. Wie kann ein Investor mit einer solchen Investition zum Kampf gegen den Klimawandel beitragen?
Wie oben erwähnt, betrachten wir stets die zwei Fragen: „Welches Ziel streben wir an?“ und „Welche Strategie wenden wir dazu an?“ Als Ziel haben wir uns die Unterstützung des Umweltziels „Begrenzung des Klimawandels“ gesetzt. Bleibt nun, die Strategie festzulegen. Wie ebenfalls oben dargestellt, haben wir dabei die Wahl zwischen Exclusion-Strategien, Best in Class, Integration, Engagement, Impact oder thematischen Strategien.

Exclusion

Wenn wir eine Exclusion-Strategie verfolgen wollen, würde das, wie folgt, umgesetzt werden. Wir investieren in einen globalen Aktien- oder Mischfonds, bei dem der Fondsmanager alle klimaschädlichen Investments ausschließt. Ausgeschlossen wären also typischerweise Energieproduzenten, die ihre Energie aus fossilen Rohstoffen produzieren, entweder zur Gänze oder zum Beispiel ab einem gewissen Kohleanteil sowie – je nach Modell des Fondsmanagers – möglicherweise zahlreiche weitere Branchen und Unternehmen wie Ölgesellschaften, Fluglinien, Autoproduzenten, Zementerzeuger und so weiter. Die genauen Details der Ausschlussstrategie müssten Investor oder Berater aus den Fondsunterlagen oder der Website des Fonds entnehmen. Was wir als Erstes feststellen können, ist, dass es inzwischen zahlreiche Fonds am Markt gibt, die eine solche Exclusion-Policy umsetzen und damit eine bestimmte Kategorie von klimaschädlichen Aktivitäten ausschließen.

Ein großer Fondsmanager wendet zum Beispiel folgende Ausschlusskriterien an:[132]

Ein Unternehmen, das gegen eine der folgenden Grenzen verstößt, wird aus dem Investmentuniversum der betroffenen Fonds ausgeschlossen.

	Abbau und Umwandlung von Kohle	Verstromung von Kohle
Publikumsfonds	30%	-
ERSTE Sustainable Fonds	5%	20%
ERSTE WWF Fonds	0%	0%

Sowohl in Deutschland als auch in Österreich finden wir bei vielen als „nachhaltig" beworbenen Fonds eine solche Exclusion-Policy und in der Ausschlussliste regelmäßig Kohle. Andere Branchen sind seltener zu finden, und hier müssen Investor und Berater genau abstimmen, was genau ausgeschlossen werden soll und ob dies durch das Produkt geleistet werden kann. Dabei müssten – je nach Interesse und Überzeugung – drei Fragen genau besprochen werden: Zum Ersten, gibt es Branchen, die ausgeschlossen sein sollen? Kohle ist inzwischen weitestgehend Standard bei Nachhaltigkeitsfonds, aber es gibt zahlreiche andere Branchen, die hohe CO_2-Emissionen verursachen, selten in Scope 1 aber oft in Scope 2 oder Scope 3.*** Zum Zweiten muss abgesteckt werden, wie weit die Ausschlusskriterien reichen sollen. Werden nur die Unternehmen selbst oder auch Mutter, Schwester und Tochterunternehmen im Konzern ausgeschlossen? Und schließlich, welche Maßzahlen sollen angewendet werden? Typischerweise wird es beim Klimawandel der Ausstoß von Treibhausgasen, gemessen in Tonnen, CO_2-Äquivalent sein, aber auch in diesem Bereich gibt es Abweichungen.

Für viele Investoren wird dieses Maß an Detail irrelevant sein. Aber jede vertiefte Diskussion verringert das Risiko, dass es Missverständnisse, und damit später Enttäuschungen für den Investor und Streitpunkte zwischen Investor und Berater gibt. gilt natürlich für den Extremfall, wenn ein „Umweltskandal" (wie der oben erwähnte Unfall der Deepwater Horizon) auftritt, damit schwierige Erklärungen vermieden werden können, warum sich dieses oder jenes Unternehmen doch im Portfolio befindet.

Aber es gilt natürlich ebenfalls für den Routinefall, dass ein Performanceproblem auftritt, um erklären zu können, warum der Fonds anders performt als der breite Markt. Nehmen wir an, eine solche Exclusion-Strategie würde den gesamten Energiesektor ausschließen. Würde sich das auf das Verhältnis zwischen Risiko und Ertrag des Portfolios auswirken? In gewissem Maße bestimmt. Der Energiesektor bildet per Ende 2019 4,5% des MSCI Global Index.[133]

*** Das Greenhouse Gas Protocol definiert als Scope 1 Emissionen jene, die durch die Produktionsprozesse des Unternehmens selbst emittiert werden. Scope 2 sind jene, die bei der Produktion der zugekauften Energie entstehen, und Scope 3 Emissionen, die bei der Produktion von zugekauften Vorprodukten sowie jene, die bei der Verwendung der erzeugten Produkte entstehen. www.ghgprotocol.org

SEKTORGEWICHTUNG

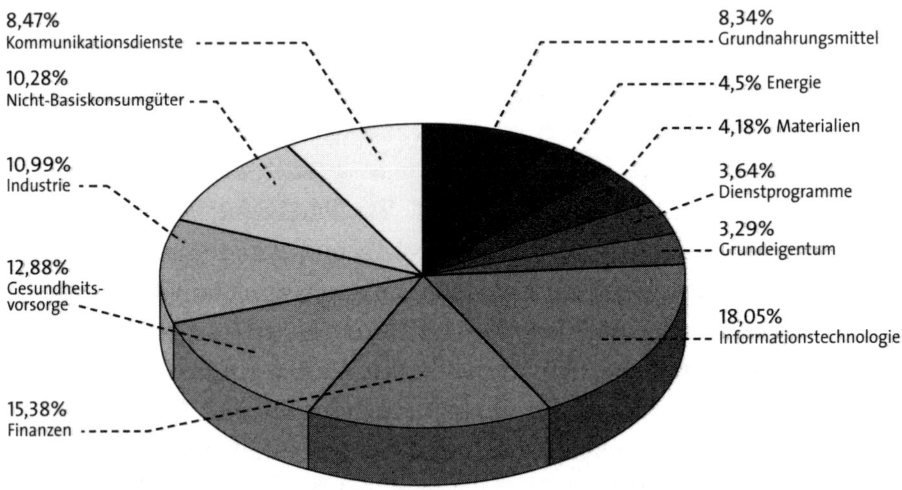

Dieser Teil des Index ist aufgrund der hohen Volatilität des Ölpreises selbst sehr volatil. So hat, in US-Dollar gemessen, der MSCI World Energy 2015 -22,17% verloren, während der MSCI World nur -0,32% verloren hat. 2016 hat demgegenüber der MSCI World Energy 27,57% erzielt, während der MSCI World nur um 8,15% gestiegen ist. Vereinfacht gesagt und auf die 4,5% des Portfolios zum Ende 2019 umgerechnet, hätte ein globales Portfolio ohne Energie 2015 1% (einen Prozentpunkt) mehr Performance erzielt als ein globales Portfolio, da es den Verlust des Energiesektors nicht mitgemacht hätte. Umgekehrt hätte ein globales Portfolio ohne Energie 2016 1% weniger Performance erzielt. Ein kompletter Ausschluss von Energiewerten hat also positive wie negative Performanceeffekte, die dem Investor und dem Berater klar sein sollten.

Wie findet man als Investor Investmentfonds, die klimaschädliche Werte ausschließen? Der einfachste Weg führt über Nachhaltigkeitssiegel. Fonds mit dem österreichischen Umweltzeichen U49 oder

Fonds mit dem FNG-Siegel haben jedenfalls eine Exclusion-Strategie für fossile Brennstoffe:[134] Dabei ist die Ausschlusspolitik des Umweltzeichens sehr umfassend und schließt praktisch jede Form der fossilen Energie aus, während das FNG sowohl De-minimis-Grenzen als auch einen engeren Fokus hat.

UZ 49: 2.2.1 Ausschlusskriterien für Unternehmen

Anlagepolitik, Auswahlkriterien, Erhebungs-, Bewertungs- und Auswahlprozess der nachhaltigen Anlageprodukte müssen so gestaltet sein, dass Unternehmen mit bzw. Projekte in folgenden Geschäftsfeldern von einem Investment ausgeschlossen werden:

Fossile Brennstoffe: Förderung [aus konventioneller und nicht-konventioneller Förderung] von Kohle, Erdgas und Erdöl, Raffinierung von Kohle und Erdöl, Energieerzeugung aus Kohle und Erdöl.

FNG: Mindestkriterien – Ausschlüsse
Grundsätzliche Kontroversen und normbasierte Ausschlüsse

UNTERNEHMEN:

- *Unternehmen, die Kohle und Uran abbauen (Umsatztoleranz von 5%) oder verstromen (Umsatztoleranz 30% bei Kohle);*

- *Unternehmen im Bereich Abbau / Aufbereitung Ölsande und Fracking-Technologien nutzen oder herstellen (Umsatztoleranz 5%).*

Fonds, die mit diesen Siegeln versehen sind, haben also jedenfalls eine gewisse klimarelevante Ausschlusspolitik. Was ist mit Investmentfonds, die keines dieser beiden Siegel haben? Bei anderen

Investmentfonds muss der Investor oder Berater in den Unterlagen des Fonds oder des Fondsmanagers nachprüfen, ob es eine Ausschlusspolitik gibt und was sie genau besagt. Dabei sind Überraschungen möglich. Zum einen gibt es viele nachhaltige Fonds, die zwar eine klare Ausschlusspolitik für klimaschädliche Investments haben, aber kein UZ49 oder FNG-Siegel, entweder weil sie es aus Marketing- oder Kostengründen nicht beantragt haben, oder weil sie mit anderen Ausschlusskriterien nicht übereinstimmen. Zum anderen gibt es aber auch Fonds, die mit Nachhaltigkeit werben oder im Namen führen, deren Ausschlusskriterien in Bezug auf den Klimawandel von vielen Investoren und Beratern jedoch als ungenügend empfunden werden könnten.

Zu beachten ist ebenfalls, dass ich zum Zeitpunkt dieses Buches in den üblichen Listen der zum Vertrieb zugelassener Fonds keine aktiv gemanagten Fonds gefunden habe, die nur klimaschädliche Investments ausschließen. Es gibt damit immer andere Ausschlüsse die vielleicht – aber nicht unbedingt – den Wünschen des Investors entsprechen. Im passiven Bereich gibt es inzwischen allerdings zahlreiche gezielte Exclusion-Ansätze für den Klimawandel, die auch über ETFs investierbar sind. Die STOXX Indizes bieten zum Beispiel eine gesamte Familie an Low Carbon Indizes. Der STOXX Low Carbon Footprint Global Index[135] etwa schließt Aktien der sieben Supersektoren (aus den neunzehn Supersektoren der ICB Industrieklassifizierung) aus, die am meisten CO_2 emittieren: Erdöl & Erdgas, Chemie, Rohstoffe, Bauwesen & Materialien, Reisen & Freizeit, Immobilien und Energieversorgung. Zusätzlich schließt der Index noch jene 10% der Unternehmen aus den übrigen zwölf Supersektoren aus, die die höchste CO_2-Intensität aufweisen. Damit wäre ein klimarelevanter Exclusion-Ansatz verwirklicht. Allerdings erfolgt dies zum Preis eines starken Sektoreffekts, da 40% der Supersektoren komplett ausgeschlossen sind.

Best in Class und Integration

Best in Class

Eine umfassend umgesetzte Exclusion Policy für die Begrenzung des Klimawandels hätte – wie soeben beschrieben – daher starke Sektoreffekte und die Performance eines solchen Fonds würde stark von der Performance der Standardindizes abweichen. Wenn das nicht gewünscht ist, kommt traditionell eine Best-in-Class-Strategie infrage, die genau diese Abweichungen vermeiden soll.

Bei einer solchen Best-in-Class-Strategie könnte eine Ausrichtung auf den Klimawandel wie folgt umgesetzt werden: Der Fonds würde dann innerhalb der relevanten Teile des Fonds (also Länder oder Wirtschaftssektoren) jeweils jene Unternehmen bevorzugen, die in Bezug auf den Klimawandel am besten abschneiden. Falls der Fonds also zum Beispiel eine Matrix anwendet, indem einerseits nach Regionen gewichtet wird (Europa, USA, Asien x Japan developed, Japan, Emerging Markets) und andererseits nach Branchen, ergäbe sich eine Matrix von „Kästchen", die mit Unternehmen befüllt werden müssen. Im Kästchen Energie / Europa wäre dann zum Beispiel die Verbund AG als rein „grüner" Energieproduzent vermutlich sehr hoch gereiht. Eine solche Reihung würde dann für jedes „Kästchen" erfolgen. Die Auswahl der Titel würde dann in jedem Kästchen die hoch gereihten Werte bevorzugen.

Hier gibt es für den Investor ein breites Angebot an Fonds, die solche Best-in-Class-Strategien umsetzen, insbesondere die sogenannten „Low Carbon"-Strategien. Bei diesen Strategien, werden, wie bei klassischen Best-in-Class-Ansätzen, die Unternehmen gereiht, wobei als Kriterium hier typischerweise der CO_2-Fußabdruck des Unternehmens verwendet wird. Danach werden jene Unternehmen selektiert, deren CO_2-Fußabdruck geringer ist als jener von anderen Unternehmen (entweder absolut oder relativ nach Sektor) und so Portfolios generiert, deren CO_2-Abdruck insgesamt (teilweise sehr deutlich) geringer ist als der CO_2-Fußabdruck der Benchmark. Der Nachteil einer solchen Strategie ist wohlbekannt und oben ausführlich beschrieben worden. Eine reine Best-in-Class-Strategie schließt keine Branche aus, sondern reiht innerhalb der Branchen. Daher würden zum Beispiel auch Fluglinien in das Auswahluniversum einbezogen und dann jene Fluglinie ausgewählt, die den niedrigsten CO_2-Fußabdruck hat. Typischerweise wird hier daher sehr oft auch gleichzeitig mit dem Best-in-Class-Ansatz eine Exclusion-Strategie angewendet und zum Beispiel im Energiebereich thermische Kohle komplett ausgeschlossen. Die Reihung der Unternehmen kann qualitativ erfolgen (also zum Beispiel eine Vorschau einbeziehen, wie sich der CO_2-Fußabdruck in Zukunft entwickeln wird) oder rein mechanisch auf Basis aktuell veröffentlichter Daten. Wenn die Selektion automatisch erfolgt, kann eine solche Low-Carbon-Strategie auch passiv umgesetzt werden und damit zu sehr niedrigen Verwaltungsgebühren (weil rein passiv) angeboten werden.

Hier gibt es inzwischen ein ziemlich breites Angebot, sowohl an aktiven als auch an passiven Fonds. Im passiven Bereich zum Beispiel finden wir zum Beispiel in der Familie der STOXX Indizes den STOXX® Global Low Carbon 100 Index.[136] Bei diesem Index werden die Aktien nach ICB Sektor geordnet und dann innerhalb jedes Sektors und Region nach CO_2-Intensität gereiht. Dabei werden sowohl Scope 1 (die Eigenemissionen des Unternehmens) als auch Scope 2 (die durch den Energieverbrauch verursachten Emissionen) in Betracht gezogen. Danach werden die Aktien mit der niedrigsten CO_2-Intensität (5 bzw. 10 bzw. 40 je nach Sektor/Region oder global) ausgewählt und mit ihrer CO_2-Intensität gewichtet.

Integration

Wie soeben dargelegt, bieten die stärker mechanisch orientierten Ansätze wie Exclusion oder Best-in-Class-Möglichkeiten für eine

Investition gegen den Klimawandel, sind aber jeweils mit eigenen Problembereichen behaftet. Wie steht es mit der am stärksten wachsenden Strategie, Integration? Leider ist meiner persönlichen Meinung nach Integration vermutlich die am wenigsten geeignete Strategie für eine gezielte und in ihren Ergebnissen vorhersagbare Investition in den Klimaschutz. Denn bei einer Integrationsstrategie werden nachhaltigkeitsrelevante Kriterien in den Investmentprozess eingebaut. Bei einem globalen Aktienportfolio unter Integrationsstrategie für den Klimaschutz kann der Investor daher sicher sein, dass klimarelevante Kriterien bei der Auswahl der Titel gemeinsam mit anderen Faktoren wie Ertrag, Risiko und Bewertung berücksichtigt worden sind. Welche Kriterien das genau sind und wie sich insbesondere der Klimaschutz (als eines unter zahlreichen Kriterien) auf das Portfolio laufend auswirkt, wird sehr schwer zu sagen sein.

Um sicher zu sein, dass der Klimaschutz tatsächlich eine Rolle im Portfolio spielt, müsste sichergestellt sein, dass die Gewichtung Faktoren wie den Carbon Footprint berücksichtigt (also ein Best-in-Class-Ansatz) oder sich der Fonds spezifisch auf klimarelevante Sektoren fokussiert (also ein thematischer Ansatz – dazu weiter unten). Eine genaue Abgrenzung ist allerdings schwer. So lautet die Beschreibung der Investmentstrategie eines Climate Change Funds zum Beispiel:[137]

Fondsziele und Anlagepolitik

Ziel des Fonds ist Kapitalzuwachs durch Anlagen in Aktien von Unternehmen aus aller Welt, die nach Ansicht des Managers von Bemühungen zur Vorbereitung auf die Auswirkungen des globalen Klimawandels oder zu deren Einschränkung profitieren werden […]. Der Manager ist der Ansicht, dass Unternehmen, die die Gefahren anerkennen und die Herausforderungen frühzeitig angehen oder an den Lösungen für Klimaprobleme beteiligt sind, in Zukunft von einem langfristigen strukturellen Wachstum profitieren werden, das vom Markt unterschätzt wird. Diese Unternehmen dürften sich überdurchschnittlich entwickeln, wenn der Markt diese stärkere Dynamik im Ertragswachstum erst einmal anerkannt hat.

Der Fonds wird unter Bezugnahme auf wesentliche Umwelt-, soziale und Governancefaktoren verwaltet. Das bedeutet, dass Faktoren wie Klimawandel, Umweltleistung, Arbeitsstandards oder die Zusammensetzung des Vorstands, die den Wert eines Unternehmens beeinflussen können, bei der Bewertung von Unternehmen berücksichtigt werden können.

Der zweite Absatz ist eindeutig eine Integration-Strategie, der erste Absatz deutet mehr auf eine thematische Ausrichtung des Fonds auf die beiden EU-Ziele „Anpassung an den Klimawandel“ und „Begrenzung des Klimawandels“. In einer solchen Kombination kann Integration ein sehr attraktiver Ansatz sein. Die Zusammensetzung des Portfolios wird aber für Investor und Berater im Vergleich zu den vorher genannten Exclusion- oder Best-in-Class-Ansätzen viel schwieriger vorherzusagen sein und daher möglicherweise unerwünschte Überraschungen bergen.

Engagement

Engagement ist ein extrem interessanter Ansatz beim Kampf gegen den Klimawandel. Bei einer Engagementstrategie setzt der Fondsmanager seine Macht als Aktionär dazu ein, um Unternehmensentscheidungen zugunsten einer klimafreundlichen Unternehmenspolitik zu beeinflussen. Dabei sind sehr oft informelle Gespräche genauso wirksam – wenn nicht wirksamer – als formelle Abstimmungen in der Hauptversammlung. Oft ist auch nicht der tatsächliche Stimmrechtsanteil ausschlaggebend. Es genügt schon, wenn ein großer Investor das Potential hat, ein sehr großer Aktionär zu werden, um das Ohr des Aufsichtsrates oder Vorstands zu haben.

Viele Investmentmanager haben das Thema Klimawandel in den Vordergrund ihrer Engagementstrategien gereiht. Dies liegt sehr wahrscheinlich an der Dringlichkeit des Themas, wobei Zyniker diese Priorisierung auch mit der aktuellen öffentlichen Aufmerksamkeit für das Thema in Verbindung bringen werden.

Wo sind für den Investor oder Berater Informationen dazu zu finden, welche Engagementstrategie ein Fondsmanager verfolgt? Das notwendige Dokument dazu ist die „Engagement-Policy" oder Mitwirkungspolitik. Dieses Dokument ist eine Erklärung des Fondsmanagers, wie er die Stimmrechte der von ihm gehaltenen Aktien ausüben wird (die „Voting Policy") und wie er generell die Unternehmenspolitik der gehaltenen Unternehmen zu beeinflussen suchen wird (die „Engagement Policy"). Viele Investmentmanager veröffentlichen diese Engagement Policy jetzt schon auf ihren Internetseiten. Zum Teil ist dies auch gesetzlich vorgeschrieben. Die zweite Aktionärsrechterichtlinie der EU sieht für Vermögensverwalter vor, eine Mitwirkungspolitik zu veröffentlichen, in der beschrieben ist, wie die Mitwirkung der Aktionäre in die Anlagestrategien integriert wird.[****138]

Ein großer globaler Vermögensverwalter veröffentlicht daher zum Beispiel in seiner Engagement Policy für 2020 folgende Ziele:[139]

Das Team wählt jedes Jahr in einem strukturiertem Prozess neue Engagementthemen in enger Abstimmung mit Kunden und […] Investment Teams. Die Themen sind immer auf finanziell relevante

---

**** Dabei gilt, wie oben beschrieben, eine „Comply-or-explain-Regel": Wer keine Mitwirkungspolitik hat oder sie nicht veröffentlichen will, muss erklären, wieso das im Interesse der Anleger ist.

Themen, die Umwelt-, Sozial- und Governancethemen (ESG) in verschiedenen Investmentbereichen fokussiert. […]

4) Dekarbonisierung von Unternehmen und Portfolios

Im Fokus des vierten Themas steht die zunehmende Notwendigkeit einer Dekarbonisierung der Unternehmen – und damit von Portfolios –, um die Zusagen des Abkommens von Paris einzuhalten, das bis 2100 eine Beschränkung der globalen Erwärmung auf 1,5 °C gegenüber vorindustriellen Niveaus anstrebt. Um dies zu erreichen, muss die Welt bis 2030 ihren CO_2-Fussabdruck halbieren und bis 2050 CO_2-neutral werden.

Im Fokus dieser Aktivitäten wird die Dekarbonisierung der Unternehmen stehen. Dabei konzentrieren wir uns nicht nur auf die in absoluter Hinsicht bedeutenden Emittenten, sondern auch auf bedeutende Emittenten in Portfolios, gemessen an ihrer Weighted Average Carbon Intensity.

Damit kann sich ein Investor darauf verlassen, dass die Manager dieses Fonds im Laufe des Jahres bei jedem der Portfoliounternehmen – sofern relevant – darauf hinwirken werden, dass der CO_2-Fußabdruck reduziert werden wird.

Ist die Investition in einen Fonds eines Managers mit aktivem Engagementansatz gegen den Klimawandel ein wirksamer Einsatz der Investition? Dabei kommt es sowohl auf den Einfluss des Fondsmanagers als auch auf die Umsetzung der Strategie an.

Einerseits entscheidet über die Wirksamkeit einer Engagement Policy natürlich auch, ob der betreffende Investor entsprechendes Gewicht bei den Unternehmensentscheidungen hat. Dabei sind natürlich große, globale Vermögensverwalter im Vorteil, die Hunderte

Milliarden Dollar an aktuellem oder potenziellem Investitionsvolumen in die Waagschale werfen können.

Für kleinere Investmentmanager bietet es sich an, sich einer gemeinsamen Initiative mit anderen Vermögensverwaltern anzuschließen. Eine der wichtigsten Initiativen in diesem Bereich ist die oben schon angesprochene **Climate Action 100+** Initiative. Zu dieser Initiative haben sich aktuell mehr als 370 Investoren mit einem gesamten verwalteten Vermögen von mehr als 35.000 Milliarden US-Dollar zusammengeschlossen. Die Initiative fokussiert ihre Aktivitäten auf die hundert größten Emittenten von Treibhausgasen, die damit für zwei Drittel der globalen Treibhausgasemissionen verantwortlich sind. Zu den hundert Unternehmen wurden noch 61 weitere hinzugefügt, die je nach Region für den Klimawandel relevant sind (daher das „+" im Namen der Initiative). Die Bedeutung von Climate Action 100+ ist kaum zu unterschätzen: 35.000 Milliarden sind fast die Hälfte des gesamten aktuell weltweit verwalteten Vermögens und zu Beginn Jänner 2020 hat auch BlackRock, der größte Vermögensverwalter der Welt mit 7000 Milliarden verwaltetem Vermögen, sich Climate Action 100+ angeschlossen. Die Effektivität von Climate Action 100+ kommt auch aus der Organisation. Für jedes der 161 Fokus-Unternehmen hat ein lokaler Investmentmanager die Koordination der Interaktion übernommen. Die Erste Asset Management zum Beispiel hat die Koordination mit OMV, dem österreichischen integrierten Öl- und Gasunternehmen, übernommen. Durch diese Struktur steht jedem Unternehmen, auch wenn die Interaktion mit einem kleineren Fondsmanager stattfindet, die gesamte Stimmrechtsmacht von 35.000 Milliarden Dollar gegenüber.

Andererseits lässt sich die Wirksamkeit einer Engagement Policy auch aus dem – teilweise zwingend zu veröffentlichenden – jährlichen Voting oder Engagement Bericht der Investment Manager ablesen. Hier wird jährlich (und teilweise vierteljährlich) über die erfolgten Interaktionen, mindestens jedoch über die wichtigen Abstimmungen in den Hauptversammlungen berichtet. Dazu berichtet zum Beispiel ein großer Vermögensverwalter folgendes:[140]

Case Study 2: Norwegisches Energieunternehmen; Energietransition

Unser Analyst für europäische Aktien hat CEO und CFO des Unternehmens getroffen und das Thema der Reduktion von CO_2-Emissionen als Wettbewerbsvorteil angesprochen. Unser Team nahm an einem ersten Sustainable Responsible Investment (SRI) Treffen mit dem CEO und den wichtigsten Managementmitgliedern teil und besprach technologische Risken und Opportunitäten. Die Gesellschaft befindet sich auf einem positiven Pfad in dieser Hinsicht, Investitionen werden gezielt in niedrigere CO_2-Technologien wie wasserbasierte Erzeugung von Windenergie geleitet.

Engagement ermöglicht es damit dem Investor, zwei Ziele zu kombinieren: einerseits ein breit gestreutes Investment ohne Sektorkonzentration, andererseits die Sicherheit, dass mit dem investierten Geld Einfluss auf die investierten Unternehmen in Richtung Klimawandel genommen wird. Insbesondere wenn der Investmentmanager entsprechend groß oder Mitglied der Climate Action 100+ ist, kann dies direkte Auswirkungen auf Unternehmensentscheidungen zum Klimawandel haben. Dabei ist allerdings immer wieder anhand des Voting-Reports bzw. des Engagement-Reports die Frage zu überprüfen, welchen Stellenwert Klimawandel in der gesamten Nachhaltigkeitsstrategie des Investmentmanagers hat. Ist der Klimawandel eines der Fokusziele? Ist es eines unter zahlreichen Nachhaltigkeitszielen? Zum anderen ist auch regelmäßig anhand des Engagement-Reports zu überprüfen, ob das Engagement tatsächlich Wirkung zeigt.

Kann man Engagement mit einer der beiden vorher genannten Strategien, Exclusion oder Best-in-Class, kombinieren? Die Antwort ist nein und wir befinden uns mit dieser Frage mitten in einer aktuell engagiert geführten Diskussion über die wirksamste Art, die Macht der Aktienmärkte für den Klimawandel einzusetzen. Exclusion und Best-in-Class-Ansätze schließen per definitionem die ärgsten Klimasünder aus den Portfolios aus. Damit begibt sich der Investor aber auch der Möglichkeit, sein Gewicht als Aktionär zugunsten klimafreundlicher Unternehmenspolitik und -entscheidungen einzusetzen. Hier muss schlussendlich der Investor (und sein Berater) entscheiden, welche Strategie er für erfolgversprechender hält und welche er daher mit seiner Investition unterstützen möchte.

Impact

Impact Fonds wären per Definition das ideale Produkt: ein Fonds, der direkte Ergebnisse für den Klimawandel erzielt. Die Problematik wurde oben schon ausführlich erörtert. Die beiden Elemente, direkte Investition in nachhaltige Tätigkeiten zum einen und Liquidität, wie sie traditionelle Privatinvestoren brauchen, zum anderen, sind nur extrem schwer kombinierbar. Die verfügbaren Impact Fonds im Bereich des Klimawandels investieren als Venture Capital Fonds oder als Private Equity Fonds in junge Unternehmen mit neuen Klimatechnologien oder sie finanzieren direkt klimarelevante Aktivitäten wie Windparks. In jedem Fall sind sie nur für institutionelle Investoren oder qualifizierte große Privatanleger geeignet, weil sie nur eingeschränkte Liquidität bieten. Für den traditionellen Investor ist das nicht akzeptabel, weil, falls plötzlich Geldbedarf besteht, das Investment vielleicht erst in sechs Monaten rückgelöst werden kann. Für das investierte Unternehmen wäre andererseits eine plötzliche Rücklösung durch viele Investoren mit unmittelbarer Rückzahlungsverpflichtung erheblich nachteilig und könnte im Extremfall zum Konkurs führen.

Am Markt finden wir hier manchmal eher marketinggetriebene Aussagen. So finden wir Aussagen, bei denen die klimarelevante Aktivität eines Portfoliounternehmens einfach dem Aktieninvestor als „Impact" zugerechnet wird. Ein Unternehmen mit zehn Milliarden US-Dollar Börsenkapitalisierung, das jährlich eine Million Tonnen CO_2e einspart, würde dann pro 1.000 US-Dollar Aktienwert hundert Kilogramm CO_2e einsparen. In solchen Marketingmitteilungen würde dann dem Investor pro 1.000 US-Dollar Investition „hundert Kilogramm CO_2e-Ersparnis" als Impact seines Investments genannt. Diese Praxis wird von Kommentatoren oft kritisiert, denn die CO_2e-Ersparnis aus der Unternehmensaktivität ist da, ganz gleichgültig, welcher Aktionär gerade die Aktie im Portfolio hat.

Richtig ist allerdings natürlich, dass insgesamt die „Umlenkung der Kapitalströme" in Richtung Nachhaltigkeit einen Impact hat. Die Bewertung von Unternehmen, insbesondere das KGV, richtet sich natürlich nicht nur nach Ertragsaussichten sondern auch nach Flow, Momentum und Sentiment und diese werden sehr wohl von Investitionsströmen beeinflusst. Die Wirkung ist aber indirekt und meiner Meinung nach keine hilfreiche Verwendung des Terminus „Impact", den ich eher für direkte Wirkungsmechanismen reservieren würde. Impact scheidet daher, meiner Meinung bzw. der von mir bevorzugten Terminologie nach, als Strategie für traditionelle Investoren aus. Es kann natürlich sein, dass ein Investmentfonds, der mit „Impact" gegen den Klimawandel wirbt oder dies sogar im Namen führt, eine sehr effektive Exclusion, Best-in-Class oder Engagement Policy umsetzt, und aufgrund dieser Strategien effektiv gegen den Klimawandel ist. Nur würde ich, meiner Meinung nach, für solche Fonds nicht den Terminus „Impact-Fonds" verwenden.

Themenfonds

Damit bleibt eine letzte, sehr attraktive Möglichkeit, aktiv gegen den Klimawandel zu investieren: Themenfonds, die sich auf den Klimawandel konzentrieren. Wie oben schon erwähnt, konzentrieren sich Themenfonds auf ein spezifisches Investmentgebiet oder ein Investmentthema. Der Fokus der öffentlichen Meinung auf den Klimawandel ist erst relativ neu. Daher könnte man meinen, dass Investmentmanager erst jetzt auf diesen Zug aufspringen. Aber es gibt in diesem Bereich nicht nur aktuell schon zahlreiche Themenfonds mit einem spezifischen Fokus auf den Klimawandel sondern auch schon Fonds mit mehr als zehn Jahren Erfahrung, also Track Record. Damit kann der Investor bzw. der Berater im Gespräch mit dem Investor gut nachverfolgen, was der Fonds tatsächlich investiert hat und wie erfolgreich er war.

Ein solcher Fonds beschreibt zum Beispiel seine Investmentstrategie, wie folgt:

> *Der Fokus des Fonds liegt auf globalen Aktien, bei denen es sich in der Regel um mittelgroße Wachstumsunternehmen handelt, die Lösungen zur Bewältigung des Klimawandels entwickeln und hohe zukünftige Cashflows erzielen. Wir investieren hauptsächlich in drei Segmente: Pioniere im Sektor alternative Energien, Optimierer mit Fokus auf den Bereich Rohstoffeffizienz sowie Veränderer, die sich auf den Umweltschutz konzentrieren*".[141]

Im Bereich der thematischen Fonds mit Klimathema gibt es sowohl aktive als auch passive Lösungen.

Im passiven Bereich finden wir zum Beispiel den S&P Global Clean Energy Index. Der S&P Global Clean Energy investiert in die weltweit dreißig nach Marktkapitalisierung größten Unternehmen aus den Bereichen nachhaltige Energieproduktion (also Biotreibstoff und Biomasse, Geothermische Energie, Solar- und Windenergie, Wasserkraft sowie Ausrüstung für diese Technologien).[142] Auch dieser Index ist über einen ETF passiv investierbar.

Die Attraktivität solcher Themenfonds für traditionelle Investoren liegt darin, dass sie im Ergebnis den Impact-Fonds am nächsten kommen: Sie unterstützen ganz gezielt Aktivitäten im Klimawandelbereich. Die Problematik der Themenfonds wurde weiter oben ausführlich besprochen: Ganz im Gegensatz zum Best-in-Class-Fonds, der eine breite Streuung über Sektoren aufweisen sollte, ist der Themenfonds typischerweise sehr konzentriert und damit Sektorrisiken stark ausgesetzt. Wenn dieses Risiko aber besprochen, verstanden und bewusst in Kauf genommen wird oder dadurch begrenzt, dass der Themenfonds nur einen Teil eines ansonsten breit diversifizierten Fondsportfolios bildet, sind Themenfonds eine höchst geeignete Strategie, um gegen den Klimawandel zu investieren.

Zusammenfassung

Damit haben wir den großen Bereich der „reinen" Investments, für traditionelle Anleger am besten über Investmentfonds umsetzbar, abgeschlossen. Mit Ausnahme der Impact-Strategien gibt es schon zum Erscheinungsdatum dieses Buches zahlreiche, sowohl aktiv als auch passiv gemanagte Investmentfonds-Lösungen für traditionelle Investoren in allen Strategieformen: Exclusion, Best in Class, Integration, Engagement oder Thematic. Der Unterschied liegt – wie oben dargestellt – vorwiegend im veränderten Ertrags- und Risikopotential, das durch die Reduzierung der Investmentsektoren hervorgerufen wird, und in der Vorhersagbarkeit der Titelauswahl.

Genau diese Unterschiede sind es, die es im Beratungsgespräch zwischen Investor und Berater herauszuarbeiten gilt. Dies ist auch ganz im Sinne der Regulierung. Wie oben erwähnt, wird eine Änderung einer der delegierten Verordnungen zu MiFID II den Eignungstest verändern, den Berater vor der Empfehlung eines Investmentfonds durchführen müssen. In Zukunft werden die Nachhaltigkeitspräferenzen des Kunden zusätzlich zu Produktverständnis, Risikopräferenzen und Risikotragfähigkeit abgefragt werden müssen. Damit bietet sich für Investoren wie Berater die Chance, auch die Unterschiede der verschiedenen Strategien je nach Produkt im Detail zu besprechen und eine optimale Auswahl im Sinne der Präferenzen des Investors zu treffen.

Über reine Investments hinaus gibt es aber auch weitere Anlageformen, bei denen das Investment mit weiteren Leistungen wie etwa einer Versicherung oder einer Rente kombiniert ist. Wie sieht hier die Möglichkeit eines Investments gegen den Klimawandel aus?

Eine Lebensversicherung abschließen

Lebensversicherungen bilden traditionell einen hohen Anteil an den Finanzanlagen im deutschsprachigen Raum. Wie schon oben dargestellt, müssen wir hier zwischen Kapitallebensversicherungen und fondsgebundenen Lebensversicherungen unterscheiden.

Kapitallebensversicherungen

Die Prämien, die für eine Kapitallebensversicherung eingezahlt werden, werden einem Anlagepool, dem sogenannten Deckungsstock zugeführt. Für viele Kapitallebensversicherungen gibt es inzwischen Lösungen, bei denen der Deckungsstock unter Einhaltung von allgemeinen Nachhaltigkeitsprinzipien investiert wird.

Damit ist zumindest sichergestellt, dass (wenigstens im Durchschnitt der Veranlagungen) keine aktiv klimaschädlichen Aktivitäten unterstützt werden.

Damit der Abschluss einer Kapitallebensversicherung aber aktiv gegen den Klimawandel wirkt, müsste der Deckungsstock gezielt in Richtung Begrenzung des Klimawandels investiert werden. Tatsächlich haben eine Reihe globaler Versicherungen sich jüngst – wie oben schon beschrieben – genau zu diesem Ziel verpflichtet. Im September 2019 haben zwölf Versicherungen und Pensionskassen in Zusammenarbeit mit dem Umweltprogramm der UN, dem UNEP, die **Net Zero Asset Owners Alliance** gegründet. Die Mitglieder der Alliance sind folgende Verpflichtung eingegangen:[143]

The Net Zero Asset Owners Alliance Commitment

Die Mitglieder der Alliance verpflichten sich, ihre Investitionsportfolios bis 2050 auf Netto Null Treibhausgasemissionen umzustellen, konsistent mit einem maximalen Temperaturanstieg von 1,5 °C über den vorindustriellen Temperaturen, unter Berücksichtigung der besten verfügbaren wissenschaftlichen Erkenntnisse einschließlich der Ergebnisse des IPCC sowie regelmäßiger Berichterstattung über die Fortschritte, einschließlich der Festlegung von Zwischenzielen alle fünf Jahre entsprechend Artikel 4.9 des Pariser Übereinkommens.

Zum aktuellen Zeitpunkt sind Versicherer und Pensionskassen mit mehr als 4000 Milliarden Anlagevermögen Mitglieder der Allianz. Darunter sind globale Versicherer wie Allianz, Zürich, Aviva und AXA. Bei diesen (und künftigen) Mitgliedern der Allianz kann man als Investor daher davon ausgehen, dass die Investitionsportfolios, die dem Deckungsstock zugrunde liegen, insgesamt bis 2050 treibhausgasneutral sein werden. Darüber hinaus haben sich die Versicherungen verpflichtet, fünfjährige Zwischenziele bekanntzugeben und zu erreichen, wodurch auch sichergestellt sein sollte, dass die Portfolios auch jetzt schon auf einem Dekarbonisierungspfad liegen.

Eine Lebensversicherung bei einer Versicherung, die Mitglied der Net Zero Asset Owners Alliance ist, wird daher in einem Portfolio investiert, dass im Laufe der Zeit dekarbonisiert wird, auch wenn das zum aktuellen Zeitpunkt noch nicht der Fall ist.

Wie attraktiv ist aus Klimaschutzsicht so eine Investition im Vergleich zu einem Investmentfonds mit klarer Exclusion Policy oder einem thematischen Fonds? Selbstverständlich haben bei dieser Entscheidung zuerst die Kundenbedürfnisse nach Absicherung des Ablebensrisikos Priorität. Diese Absicherung kann nur eine Lebensversicherung bieten. Sofern es aber nur um einen Vergleich der zugrundeliegenden Investments geht, ist klar, dass selbst die Lebensversicherungsportfolios der Net Zero Alliance noch auf längere Zeit in fossile Energieträger investiert sein werden. Demgegenüber bieten Investmentfonds die Möglichkeit, in schon jetzt komplett kohle- bzw. CO_2-freie Portfolios zu investieren.

Aus Engagement-Sicht sollte man aber die Macht der Versicherungen nicht unterschätzen. Denn die Dekarbonisierung der Portfolios geht einher mit der – teilweise schon angekündigten – Strategie, kohlebasierten Projekten keinen Versicherungsschutz mehr zu gewähren. Aus umweltpolitischer Sicht ist dies ein weitaus stärkerer Hebel für den Klimaschutz. Und so könnte eine Investition in eine kapitalgedeckte Lebensversicherung indirekt, sofern die Versicherung eine entsprechende Engagement Policy und Risiko-Versicherungsstrategie hat, den Klimaschutz beschleunigen.

Fondsgebundene Lebensversicherungen

Für fondsgebundene Lebensversicherungen gilt, was wir weiter oben für Investmentfonds gesagt haben. Hier ist, wenn Sie als Investor oder als Berater mit Ihrem Investor Klimawandel als Ziel für Ihr nachhaltiges Investment gewählt haben, die Wahl der Strategie zu treffen, die der (oder die) der Versicherung zugrundeliegende Fonds verfolgen soll. Diese Wahl ist aber, im Gegensatz zu einem reinen Fondsportfolio, nicht frei, sondern nur innerhalb jener Fonds möglich, die die Versicherung als Basis für die fondsgebundene Lebensversicherung anbietet.

Hier ist die Entwicklung noch im Gange. Aktuell gibt es zwar fondsgebundene Lebensversicherungen am Markt, die ausschließlich auf Klimawandel fokussierte (also thematische) Nachhaltigkeitsfonds beinhalten oder indexgebundene Lebensversicherungen, deren Performance an einem speziell klimaorientierten Index gebunden wäre. Die Auswahl ist aber noch sehr begrenzt. Bei einem großen deutschen Finanzkonzern finden sich unter 95 zur Auswahl stehenden Fonds für ein bestimmtes Anlagemodell neun Nachhaltigkeitsfonds, darunter einer, der speziell auf Klimawandel ausgerichtet ist.[144] In Österreich finden sich bei einem großen Finanzkonzern nur eine im Jahr 2008 aufgelegte indexgebundene Lebensversicherung mit Fokus auf Klimaschutz,[145] die aber nicht mehr zur Zeichnung offen ist.

Das Angebot an thematischen Investmentfonds mit Fokus auf Klimaschutz sowie das Angebot an klimaorientierten Indizes ist allerdings, wie wir oben gesehen haben, schon deutlich gewachsen. Ich erwarte, dass es nur eine Frage der Zeit ist, bis ein umfassendes Angebot an gezielt auf den Klimawandel ausgerichteten Fonds auch in der fondsgebundenen bzw. Indizes in der indexgebundenen Lebensversicherung verfügbar sind. Für Investoren, die gezielt eine Versicherungsanlage in klimaorientierte Anlagen suchen, gilt es, eventuell gemeinsam mit dem Berater, das Fondsangebot der fondsgebundenen Versicherungen genau zu durchforsten, um das Richtige zu finden.

Pensions- und Vorsorgeleistungen

Traditionell wird die Altersvorsorge in drei „Säulen“ eingeteilt. Die erste Säule ist dabei die staatliche Vorsorge, die zweite die betriebliche Vorsorge und die dritte die private Vorsorge. Die dritte Säule, die private Vorsorge, wird durch Investmentfonds und Lebensversicherungen abgedeckt. Wie ein Investor mit diesen beiden Instrumenten der dritten Säule gegen den Klimawandel investieren kann, haben wir in den vorhergehenden Abschnitten im Detail besprochen. Wie sieht es bei den anderen beiden Säulen aus?

Erste Säule: Pensions- und Rentenversicherung

In Österreich ist die staatliche Vorsorge, die sogenannte Pensionsversicherung, im Umlagesystem organisiert. Die Pensionen werden aus den laufenden Beiträgen bezahlt, es gibt daher kein Kapital, das nachhaltig (oder sonst wie) veranlagt werden könnte.

In Deutschland gilt das auch für die staatliche Rentenversicherung. Daneben gibt es in Deutschland aber noch weitere Systeme, die der ersten Säule zugerechnet werden: die berufsständischen Versorgungswerke, die landwirtschaftlichen Alterskassen und die Basisrentenversicherung (die sogenannte Rürup-Rente). Diese Systeme funktionieren mit Kapitaldeckung, das heißt, es gibt ein Kapital, das nachhaltig investiert werden kann. Wir werden diese Systeme zusammen mit den kapitalgedeckten Systemen der zweiten Säule behandeln.

Zweite Säule: Betriebliche Altersvorsorge

Wie oben erwähnt, gibt es zwischen der ersten (der staatlichen Altersvorsorge) und der dritten Säule (der privaten Altersvorsorge über Investmentfonds und Lebensversicherungen) noch die zweite Säule, die betriebliche Altersvorsorge. Für viele Investoren ist diese Art der Vorsorge ein, wenn nicht der wichtigste Teil ihrer Altersvorsorge. In Österreich gibt es dazu zusätzlich zur (ungedeckten) Direktzusage als kapitalgedeckte Systeme die betriebliche Pensionsversicherung, und sowohl die (zwingend vorgeschriebene) Abfertigungsvorsorge im Wege einer Vorsorgekasse als auch die Pensionsvorsorge im Wege einer Pensionskasse. In Deutschland gibt es außer der Direktzusage noch vier kapitalgedeckte, sogenannte Durchführungswege: die Direktversicherung sowie die Pensionskasse, die Unterstützungskasse und den Pensionsfonds.

Alle diese Modelle lassen sich grundsätzlich auf drei Grundformen zurückführen: Modelle mit einem einzigen zugrundeliegenden Kapitalstock, ähnlich der Kapitallebensversicherung; Modelle mit Auswahlmöglichkeiten zwischen zwei oder mehr Kapitalstöcken, ein Modelle das im Endergebnis wieder der Kapitallebensversicherung, allerdings mit Auswahlmöglichkeit, ähnlich ist; und schließlich Modelle, die auf zahlreichen Investmentfonds beruhen und damit der fondsgebundenen Lebensversicherung ähnlich sind.

Als Beispiel für ein Modell, bei dem zwischen verschiedenen Kapitalstöcken gewählt werden kann, wobei einer davon nachhaltig ist, kann das folgende dienen:[146]

Anlagekonzept GrüneRente index-safe

Im Rahmen der GrüneRente sichert die Stuttgarter ihren Kunden zu, mindestens in Höhe des Sparanteils der Beiträge in nachhaltigen Kapitalanlagen zu investieren. Wenn sich die Kunden für die

Indexbeteiligung entscheiden, beteiligen wir sie zusätzlich an der Wertentwicklung des GrüneRente Index. Er wird auf Grundlage ökologischer, sozialer und ethischer Kriterien gebildet. Dabei werden nur Aktien von Unternehmen ausgewählt, welche die höchste Qualität nach den ESG-Kriterien der unabhängigen Ratingagentur Sustainalytics aufweisen. ESG steht für „Environment (Umwelt)", „Social (Soziales)" und „Governance (Unternehmensführung)".

Die Zusammensetzung des Index wird laufend überprüft und angepasst. Die Qualität der Aktien hinsichtlich der ESG-Kriterien wird von der unabhängigen Ratingagentur Sustainalytics festgestellt und fortlaufend überwacht.

Wie sind solche Modelle aus Sicht einer Investition gegen den Klimawandel zu bewerten? Der Vorteil solcher Modelle ist, dass der solchen Renten zugrundeliegende Kapitalstock zumindest in allgemein nachhaltige Anlagen investiert wird. Damit ist typischerweise auch eine Exclusion-Policy für kohlebasierte Aktivitäten inkludiert. Zum Zeitpunkt der Publikation dieses Buches sind aber am Markt (noch) extrem schwer Modelle zu finden, die gezielt ausschließlich klimarelevante Investitionen tätigen.

In Österreich gilt dies zum Beispiel für die Pensionskassen. Je nach Entscheidung des Unternehmens können die Beschäftigten, zugunsten derer eine Pensionskassenlösung etabliert wurde, nur eine oder zwischen mehreren Anlagetöpfen (technisch VRGs – Veranlagungs- und Risikogemeinschaften genannt) wählen. Dabei ist der Unterschied zwischen den VRGs typischerweise das Risiko der Veranlagung. Auch hier gibt es Pensionskassen, die allgemein nachhaltig orientiert investieren, aber noch kaum Lösungen, die gezielt auf Klimawechsel ausgerichtet sind.

Die gute Nachricht dazu ist, dass die im September 2019 gegründete Net Zero Asset Owners Alliance sowohl Versicherungen als auch Pensionskassen als Mitglieder hat. Wie oben beschrieben, haben sich die Mitglieder der Alliance dazu verpflichtet, bis 2050 ihre Investmentportfolios auf Netto Null Treibhausgasemissionen umzustellen. Auch für die Pensionskassenmitglieder gilt, dass sie sich ebenfalls verpflichten, fünfjährige Zwischenziele zu veröffentlichen und einzuhalten. Damit besteht für den Investor bzw. Anwartschaftsberechtigten die Möglichkeit, zu überprüfen, wie treibhausgasintensiv aktuell das Portfolio seiner VRG ist, was der Plan der Pensionskasse ist, die Treibhausgasemissionen zu senken und – in regelmäßigem Abstand – wie diese Verpflichtung eingehalten wird.

Aktuell sind als Pensionskassenmitglieder der Alliance nur internationale Pensionskassen benannt wie CalPERS, die Pensionskasse der kalifornischen Beamten, PensionDanmark, die Pensionskasse der durch Kollektivvertrag erfassten dänischen Arbeiter, oder FRR, den französischen staatlichen Pensionsreservefonds. Zum Zeitpunkt der Publikation dieses Buches ist meines Wissens noch keine der österreichischen oder deutschen Pensionskassen Mitglied der Net Zero Asset Owners Alliance. Die Verpflichtung der Versicherungsmitglieder der Alliance gilt aber nur für ihre Eigenportfolios (also die der kapitalgedeckten Lebensversicherung zugrundeliegenden Portfolios) und somit nicht für Pensionskassen im Konzern. Es ist natürlich möglich, dass in nächster Zeit auch Pensionskassen in der DACH-Region der Net Zero Asset Owners Alliance beitreten und deren Verpflichtungen übernehmen. Anwartschaftsberechtigte könnten sich dann darauf verlassen, dass ihre VRG über Zeit bis 2050 in Unternehmen mit Netto Null Treibhausgasemissionen investiert sein wird und auch die der Betriebsrente zugrundeliegenden Portfolios (zumindest bis 2050) entlang von Fünfjahreszielen auf Netto Null umgestellt werden. Zum Zeitpunkt der Publikation dieses Buches ist dies jedoch – soweit ich feststellen konnte – noch nicht der Fall.

Für Modelle mit Auswahlmöglichkeit zwischen zahlreichen Investmentfonds gilt wiederum das oben für die fondsgebundene

Lebensversicherung Gesagte: Für den Investor gilt hier, sofern eine Wahlmöglichkeit besteht (und die besteht jedenfalls in Deutschland für die Möglichkeit der Entgeltumwandlung im Wege der betrieblichen Altersvorsorge), gegebenenfalls gemeinsam mit einem Berater, die Veröffentlichungen des Rentenanbieters genau zu studieren. Bietet er einen nachhaltigen Durchführungsweg an und, wenn ja, welches Gewicht hat der Klimaschutz in der Auswahl der Veranlagungen? Ist der Klimaschutz nur ein Element in einer allgemeinen Nachhaltigkeitsausrichtung oder spielt er eine wichtige Rolle? Auch hier gilt, dass ich annehme, dass das Angebot in diesem Bercich in den nächsten Jahren rapide ansteigen wird.

Aktuell ist das Hauptproblem die beschränkte Wahlmöglichkeit des Investors. Mit Ausnahme des Modells der Entgeltumwandlung in Deutschland hängt die Investitionsmöglichkeit bei der bAV weitestgehend von der Entscheidung des Unternehmens ab. Denn bei diesem liegt die Auswahl des Anbieters und der angebotenen Modelle.

Vorsorgekassen

Ein österreichisches Spezifikum sind die Vorsorgekassen. Vorsorgekassen wurden 2003 mit der Reform der Abfertigung geschaffen. Bis dahin wurde die Arbeitnehmern gebührende Abfertigung bei Beendigung des Arbeitsverhältnisses von den Betrieben selbst angespart (bzw. rückgestellt) und bei Beendigung des Arbeitsverhältnisses ausgezahlt. Seit 2003 werden die Beiträge für die Abfertigung der Angestellten (und seit 2008 auch für Selbständige) in einem kapitalgedeckten Modell von den Betrieben bei nur dafür zuständigen Vorsorgekassen angespart und bei Beendigung des Dienstverhältnisses von der Vorsorgekasse ausbezahlt (oder wieder bei einer Vorsorgekasse veranlagt). Da die Beitragsleistung obligatorisch ist, sind Vorsorgekassen die am raschesten wachsenden Vorsorgeeinrichtungen in Österreich.

Die Mehrzahl der Österreicher hat damit ein Vorsorgekassenkonto, auf dem regelmäßig angespart wird. Die Vorsorgekassen legen traditionell in nachhaltige Investments an, damit ergibt sich auch eine Berücksichtigung des Klimawandels.

Speziell auf den Klimaschutz ausgerichtet ist allerdings keine der Vorsorgekassen. Eine der österreichischen Vorsorgekassen beschreibt ihren Klimaansatz (als Teil einer umfassenden Nachhaltigkeitsausrichtung des Portfolios), wie folgt:[147]

Monitoring des Carbon Footprint durch yourSRI

Die UN-Klimakonferenz in Paris hat Ende 2015 als Ziel definiert, die Erderwärmung im Vergleich zum vorindustriellen Zeitalter deutlich unter 2,0% – möglichst mit 1,5% – zu begrenzen. Der Ausstoß an Treibhausgasen ist einer der maßgeblichen Faktoren für die Erderwärmung.

Die APK Vorsorgekasse AG lässt seit mehreren Jahren von dem unabhängigen Partner yourSRI die Emissionen aller Unternehmen prüfen, an denen die Veranlagungsgemeinschaft Aktien besitzt. Der Jahresbericht 2018 ergibt, dass durch die Gewichtung der Sektoren und durch die Wahl der einzelnen Titel eine „Portfolio Carbon Outperformance", eine Einsparung im CO_2-Ausstoß von 27,4% im Vergleich zur Benchmark erreicht wurde.

Mit diesem aktiven Investmentansatz trägt die APK Vorsorgekasse zur Reduktion des weltweiten CO_2-Ausstoßes bei.

Alle acht österreichischen Vorsorgekassen werden jährlich von ÖGUT auf ihre Nachhaltigkeitsorientierung hin beurteilt und, sofern sie den Prüfungskriterien entsprechen, zertifiziert und mit dem ÖGUT Siegel ausgezeichnet. Für das Berichtsjahr 2018 wurden alle acht VKs zertifiziert und mit dem ÖGUT Siegel in Gold oder Silber ausgezeichnet.

Ab dem Prüfungsjahr 2019 hat ÖGUT die Liste der geprüften Ausschlusskriterien um das Ausschlusskriterium „Kohle und Fracking" erweitert.[148] Sofern alle Vorsorgekassen auch für das Berichtsjahr 2019 wieder zertifiziert werden, können österreichische Investoren, die eine Abfertigungsvorsorge nach der Abfertigung neu (ab 2003 bzw. für Selbständige ab 2008) erhalten, davon ausgehen, dass ihre Abfertigungsvorsorge jedenfalls nicht in Kohleinvestments investiert wird. Darüber hinaus haben die meisten Vorsorgekassen noch weitergehende aktive Klimaschutzpolitiken implementiert. Da für den Großteil der arbeitenden österreichischen Bevölkerung die Beiträge zu einer Vorsorgekasse zwingend sind und automatisch investiert werden, ist dadurch jedenfalls sichergestellt, dass ein (stark wachsender) Grundstock an klimafreundlichen Investitionen in Österreich besteht.

Mein Hinweis für viele Investoren wäre, den jährlichen Brief der Vorsorgekasse hervorzuholen, die Höhe der Anwartschaft zum letzten Stichtag festzustellen, gegebenenfalls die Klimapolitik für die Veranlagungen auf der Website der Vorsorgekasse zu überprüfen und sich dann – hoffentlich – über einen bisher vielleicht übersehenen Grundstock an klimafreundlichen Investments zu freuen.

Zusammenfassung

In diesem letzten Kapital haben wir uns – nach vielen Grundlagen und viel Theorie in den ersten drei Kapiteln – der Praxis gewidmet. Was kann ein traditioneller Investor, der gegen den Klimawandel investieren möchte, aktuell tun? Das Ergebnis dieser Untersuchung ist schon zum Zeitpunkt des Erscheinens dieses Buches sehr positiv: In vielen Bereichen steht jetzt schon eine breite Auswahl an Investments zur Verfügung. Darüber hinaus schreitet in allen Bereichen die Entwicklung der klimabezogenen Investments rasch voran.

Im Bereich der **Investmentfonds** mit Fokus auf den Klimawandel besteht die breiteste aktuelle Auswahl. So gut wie alle möglichen Strategien (mit Ausnahme der Impact-Strategie) werden jetzt schon vom bestehenden Angebot an zum öffentlichen Vertrieb zugelassenen Fonds für traditionelle Investoren abgedeckt. Eine breite Auswahl an Fonds mit Exclusion-, Best-in-Class-, Integration-, Engagement- und Thematic-Strategien stehen zur Verfügung. Aktuell müssen Investoren und ihre Berater noch Einiges an Research-Arbeit leisten, um die Details der Strategien klarzustellen. Aber auch das sollte sich rasch mit Inkrafttreten der neuen Publizitätspflichten im Rahmen der EU-Verordnungen bessern. Und auf Basis der bisherigen Trends lässt sich jetzt schon vorhersagen, dass das Angebot an Fonds mit klimabezogenen Investmentstrategien rasch breiter und tiefer werden wird. Die maßgeblichen Indexprovider bieten schon speziell auf den Klimawandel ausgerichtete Indizes an, sodass es neben aktiven Fonds auch schon jetzt eine breite Palette an passiv gemanagten Fonds oder ETFs zur Auswahl gibt.

Die Entwicklung im Bereich der **fondsgebundenen Lebensversicherung** ist zum Zeitpunkt des Erscheinens dieses Buches noch etwas langsamer. Ich bin aber überzeugt, dass die neuen Klima-Fonds der Investmentfondsmanager auch schnell Eingang in die Listen der fondsgebundenen Lebensversicherer finden werden. Dementsprechend sollte sich auch das Angebot an fondsgebundenen Lebensversicherungen gegen den Klimawandel rasch erweitern und dem Investor eine weitere Investmentmöglichkeit bieten.

Am langsamsten ist die Entwicklung aktuell bei der **kapitalgedeckten Lebensversicherung** sowie den **Pensionskassen**. Beide unterliegen sehr detaillierten Restriktionen zum Schutz der Anleger, die – gemeinsam mit dem sehr langen Anlagehorizont – eine Umstellung der Portfolios verlangsamen. Hier ist es vor allem der Risikoaspekt der eine Umstellung beschleunigen wird. Die Stellungnahmen der Aufsichtsbehörden im Gefolge der EIOPA führen dazu, dass die Klimarisiken neu bewertet und in die bestehenden Risikosysteme integriert werden müssen. Damit sollten sowohl die Portfolios, die bestehenden Verträgen zugrunde liegen, umgestellt werden, als auch neue Produkte auf den Markt kommen. Beides ist im Sinn der Net Zero Asset Owners Alliance von Lebensversicherern und Pensionskassen. Für Investoren sollte daher rasch Transparenz einziehen, welche Produkte, in die sie jetzt schon langfristig investiert sind, wie umgestellt werden, und welche neuen Produkte Portfolios gegen den Klimawandel bieten werden.

Für Investoren und ihre Berater heißt das jedenfalls, dass es jetzt schon möglich ist, auch mit kleinen Beträgen aktiv gegen den Klimawandel zu investieren, ohne neue Risiken eingehen oder auf Ertrag verzichten zu müssen. Greta Thunberg hat uns alle dazu aufgerufen, jetzt gegen den Klimawandel aktiv zu werden. „No one is too small to make a difference!“, sagt sie zu Recht. Als Investoren und als Berater haben wir jedenfalls auch jetzt schon und auch mit kleinen Beträgen die Möglichkeit dazu.

Quellen- und Abbildungsverzeichnis

1 Thunberg, Rede vor dem World Economic Forum Davos, 25.1.2019. https://www.weforum.org/agenda/2019/01/our-house-is-on-fire-16-year-old-greta-thunberg-speaks-truth-to-power/

2 VERORDNUNG (EU) 2019/2088 DES EUROPÄISCHEN PARLAMENTS UND DES RATES vom 27. November 2019 über nachhaltigkeitsbezogene Offenlegungspflichten im Finanzdienstleistungssektor, Artikel 2

3 Vereinte Nationen, A/RES/70/1 Resolution der Generalversammlung, verabschiedet am 25. September 2015 Transformation unserer Welt: die Agenda 2030 für nachhaltige Entwicklung, S. 15

4 Vereinte Nationen, A/RES/70/1 Resolution der Generalversammlung, verabschiedet am 25. September 2015 Transformation unserer Welt: die Agenda 2030 für nachhaltige Entwicklung, S. 16

5 A/RES/71/313 Global indicator framework for the Sustainable Development Goals

6 Zuletzt: The Sustainable Development Goals Report 2019, United Nations, New York, 2019

7 Vereinte Nationen, A/RES/70/1 Resolution der Generalversammlung, verabschiedet am 25. September 2015 Transformation unserer Welt: die Agenda 2030 für nachhaltige Entwicklung, S. 16

8 Vereinte Nationen, A/RES/70/1 Resolution der Generalversammlung, verabschiedet am 25. September 2015 Transformation unserer Welt: die Agenda 2030 für nachhaltige Entwicklung, S. 20

9 Vereinte Nationen, A/RES/70/1 Resolution der Generalversammlung, verabschiedet am 25. September 2015 Transformation unserer Welt: die Agenda 2030 für nachhaltige Entwicklung, S. 24

10 A NEW GLOBAL PARTNERSHIP: ERADICATE POVERTY AND TRANSFORM ECONOMIES THROUGH SUSTAINABLE DEVELOPMENT, The Report of the High-Level Panel of Eminent Persons on the Post-2015 Development Agenda, UN 2013, S. 5.

11 Vereinte Nationen, A/RES/70/1 Resolution der Generalversammlung, verabschiedet am 25. September 2015 Transformation unserer Welt: die Agenda 2030 für nachhaltige Entwicklung, S. 24

12 UN, The Sustainable Development Goals Report 2019, S. 46

13 Vereinte Nationen, A/RES/70/1 Resolution der Generalversammlung, verabschiedet am 25. September 2015 Transformation unserer Welt: die Agenda 2030 für nachhaltige Entwicklung, S. 38f.

14 Vereinte Nationen, A/RES/70/1 Resolution der Generalversammlung, verabschiedet am 25. September 2015 Transformation unserer Welt: die Agenda 2030 für nachhaltige Entwicklung, S. 39f.

15 Vereinte Nationen, A/RES/70/1 Resolution der Generalversammlung, verabschiedet am 25. September 2015 Transformation unserer Welt: die Agenda 2030 für nachhaltige Entwicklung, S. 20

16 Vereinte Nationen, A/RES/70/1 Resolution der Generalversammlung, verabschiedet am 25. September 2015 Transformation unserer Welt: die Agenda 2030 für nachhaltige Entwicklung, S. 38f.

17 Stichting Global Reporting Initiative, GRI 303: WASSER UND ABWASSER 2018, S.2

18 Quelle: Verbund AG, Integrierter Geschäftsbericht 2018

19 Task Force on Climate-related Financial Disclosures, Final Report: Recommendations of the Task Force on Climate-related Financial Disclosures, Juni 2017

20 Task Force on Climate-related Financial Disclosures, Final Report: Recommendations of the Task Force on Climate-related Financial Disclosures, Juni 2017

21 Task Force on Climate-related Financial Disclosures, Final Report: Recommendations of the Task Force on Climate-related Financial Disclosures, Juni 2017, S. 55ff.

22 Richtlinie 2014/95/EU des Europäischen Parlaments und des Rates vom 22. Oktober 2014 zur Änderung der Richtlinie 2013/34/EU im Hinblick auf die Angabe nichtfinanzieller und die Diversität betreffender Informationen durch bestimmte große Unternehmen und Gruppen

23 Unternehmensgesetzbuch §§ 243b und 243c 2a

24 Leitlinien für die Berichterstattung über nichtfinanzielle Informationen (Methode zur Berichterstattung über nichtfinanzielle Informationen) (2017/C 215/01)

25 Leitlinien für die Berichterstatung über nichtfinanzielle Informationen: Nachtrag zur klimabezogenen Berichterstattung (2019/C 209/01)

26 Leitlinien für die Berichterstattung über nichtfinanzielle Informationen: Nachtrag zur klimabezogenen Berichterstattung (2019/C 209/01)

27 Interinstitutional File:2018/0178 (COD); 14970/19 ADD 1; 17. Dezember 2020; Subject: Proposal for a REGULATION OF THE EUROPEAN PARLIAMENT AND OF THE COUNCIL on the establishment of a framework to facilitate sustainable investment COM (2018) 353 final, Art 5

28 Interinstitutional File:2018/0178 (COD); 14970/19 ADD 1; 17. Dezember 2020;Subject: Proposal for a REGULATION OF THE EUROPEAN PARLIAMENT AND OF THE COUNCIL on the establishment of a framework to facilitate sustainable investment COM (2018) 353 final, Art 6

29 EU Technical Expert Group on Sustainable Finance, Taxonomy Report Technical Annex, Updated methodology & Updated Technical Screening Criteria, March 2020, S. 333

30 Vereinte Nationen, A/RES/70/1 Resolution der Generalversammlung, verabschiedet am 25. September 2015 Transformation unserer Welt: die Agenda 2030 für nachhaltige Entwicklung, S. 15

31 Vereinte Nationen, A/RES/70/1 Resolution der Generalversammlung, verabschiedet am 25. September 2015 Transformation unserer Welt: die Agenda 2030 für nachhaltige Entwicklung, S. 18

32 Siemens AG, Nachhaltigkeitsinformationen 2018, S. 53

33 Bundesanstalt für Finanzdienstleistungsaufsicht, Merkblatt zum Umgang mit Nachhaltigkeitsrisiken, S: 13

34 Stichting Global Reporting Initiative, GRI 405: DIVERSITÄT UND CHANCENGLEICHHEIT 2016, S.6

35 Gesetz zur Förderung der Entgelttransparenz zwischen Frauen und Männern (Entgelttransparenzgesetz - EntgTranspG); § 21 Bericht zur Gleichstellung und Entgeltgleichheit

36 BMW AG, Jahresbericht 2018

37 Vereinte Nationen, A/RES/70/1 Resolution der Generalversammlung, verabschiedet am 25. September 2015 Transformation unserer Welt: die Agenda 2030 für nachhaltige Entwicklung, S. 21

38 Stichting Global Reporting Initiative, GRI 408: KINDERARBEIT 2016, S.6.

39 Vereinte Nationen, A/RES/70/1 Resolution der Generalversammlung, verabschiedet am 25. September 2015 Transformation unserer Welt: die Agenda 2030 für nachhaltige Entwicklung, S. 27

40 art. 8; Loi du 20 mars 2007 interdisant le financement de la fabrication, de l'utilisation ou de la détention de mines antipersonnel et de sous-munitions [Law of 20 March 2007 Prohibiting the Financing and Manufacturing, the Use or the Possession of Anti-Personnel Mines and Sub-Munitions], http://www.ejustice.just.fgov.be/cgi_loi/change_lg.pl?language=fr&la=F&table_name=loi&cn=2007032048,

41 PAX Stiftung, Worldwide Investment in Cluster Munitions (2018)

42 ETHIX SRI ADVISORS Defining controversial weapons for European institutional investors, März 2011

43 VERORDNUNG (EU) 2019/2088 DES EUROPÄISCHEN PARLAMENTS UND DES RATES vom 27. November 2019 über nachhaltigkeitsbezogene Offenlegungspflichten im Finanzdienstleistungssektor, Art 2 Nr. 17

44 Vereinte Nationen, A/RES/70/1 Resolution der Generalversammlung, verabschiedet am 25. September 2015 Transformation unserer Welt: die Agenda 2030 für nachhaltige Entwicklung, S. 27f

45 Global Compact Netzwerk Österreich, www.globalcompact.at

46 OECD (2015) G20/OECD-Grundsätze der Corporate Governance, OECD Publishing, Paris, Überarbeitete Ausgabe Januar 2016, S. 5.

47 Richtlinie 2014/95/EU des Europäischen Parlaments und des Rates vom 22. Oktober 2014 zur Änderung der Richtlinie 2013/34/EU im Hinblick auf die Angabe nichtfinanzieller und die Diversität betreffender Informationen durch bestimmte große Unternehmen und Gruppen

48 EAM Engagement und Voting Report 2018, S. 43

49 Bundesanstalt für Finanzdienstleistungsaufsicht, Merkblatt zum Umgang mit Nachhaltigkeitsrisiken, S: 13

50 VERORDNUNG (EU) 2019/2088 DES EUROPÄISCHEN PARLAMENTS UND DES RATES vom 27. November 2019 über nachhaltigkeitsbezogene Offenlegungspflichten im Finanzdienstleistungssektor

51 VERORDNUNG (EU) 2019/2088 DES EUROPÄISCHEN PARLAMENTS UND DES RATES vom 27. November 2019 über nachhaltigkeitsbezogene Offenlegungspflichten im Finanzdienstleistungssektor

52 https://www.bischofskonferenz.at/dl/muoMJmoJKMoJqx4KJKJKJKkolml/Richtlinie_Ethische_Geldanlagenfinal.pdf, S. 15., Punkt 4.2.; S. 15 Punkt 2.2.; S. 16, Punkt 11.3.1. ; S. 16, Punkt 11.2.3.

53 Ebda. S. 15, Punkt 4.4

54 Ebda, S. 15, 2.2.

55 13,3 Bn $ von gesamt 23,1 bn $ Ende 2018. Bank für Internationalen Zahlungsausgleich, Central government debt securities markets, Table C2

56 Leitfaden für ethisch-nachhaltige Geldanlage in der evangelischen Kirche, 4., aktualisierte Auflage, EKD Texte 113, S. 56ff.

57 Forum Nachhaltige Geldanlagen, Jahresbericht 2019, S. 51f.

58 Raiffeisen-Nachhaltigkeit-Aktien (R) Verkaufsprospekt vom 13.11.2019

59 Forum Nachhaltige Geldanlagen, Jahresbericht 2019, S. 51f.

60 Fidelity Funds SICAV Sustainable Euozone Equity Fund, Prospekt Dezember 2019 S. 59

61 Wohlverhaltensregeln, BVI Bundesverband Investment und Asset Management e.V., Juli 2019

62 Code of Conduct, Österreichische Investmentfondsindustrie

63 Art 3g, Richtlinie EU 2017/828 „im Hinblick auf die Förderung der langfristigen Mitwirkung der Aktionäre“

64 Bertelsmann Stiftung, Social Impact Investment in Deutschland 2016, S. 3.

65 Manfred Fischer, Impact Investing: Geldanlagen, die Gutes bewirken, in biallo.de, https://www.biallo.de/geldanlage/ratgeber/impact-investing-geldanlagen-die-gutes-bewirken/# abgerufen am 31.1.2020

66 VERORDNUNG (EU) Nr. 346/2013 DES EUROPÄISCHEN PARLAMENTS UND DES RATES vom 17. April 2013 über Europäische Fonds für soziales Unternehmertum, Art 3(1)(d)ii

67 Bank Austria AG, Geschäftsbericht 2000

68 Vereinte Nationen, https://www.un.org/Depts/german/pdf/organigramm.pdf abgerufen am 31.1.2020

69 UN Information System

70 Charta der Vereinten Nationen, UN Information System

71 A/RES/55/2 S.2

72 UNDESA, Millennium Development Goals Report 2015, S. 3

73 UNDESA, Millennium Development Goals Report 2015, S. 10

74 UNDESA, Millennium Development Goals Report 2015, S. 10

75 A NEW GLOBAL PARTNERSHIP: ERADICATE POVERTY AND TRANSFORM ECONOMIES THROUGH SUSTAINABLE DEVELOPMENT, The Report of the High-Level Panel of Eminent Persons on the Post-2015 Development
Agenda, UN 2013, S. 5.

76 Guterres in: The Sustainable Development Goals Report 2019, S. 2

77 UN, Sustainable Development Goals Report 2019, S. 48

78 Ebda.

79 UNEP – Who we are, www. Unenvironment.org

80 RAHMENÜBEREINKOMMEN DER VEREINTEN NATIONEN ÜBER KLIMAÄNDERUNGEN, Art. 2

81 Siehe auch die ausgezeichnete Darstellung aller COP-Ergebnisse des Deutschen Bundsministerium für Umwelt, Naturschutz und nukleare Sicherheit, https://www.bmu.de/themen/klima-energie/klimaschutz/internationale-klimapolitik/un-klimakonferenzen/ergebnisse-der-un-
klimakonferenzen/

82 So z. B. in Katholische Kirche Österreich, Richtlinie Ethische Geldanlage, Amtsblatt der österreichischen Bischofskonferenz Nr. 78, 1. Jänner 2018, S. 9

83 Global Compact Netzwerk Österreich, https://globalcompact.at/10-prinzipien/ abgerufen am 31.12.2019

84 Daimler AG, Nachhaltigkeitsbericht 2018

85 Sustainalytics, Global Standards Screening, 2019, S. 2.

86 Task Force on Climate-related Financial Disclosures: Status Report 2019, S. 8

87 Task Force on Climate-related Financial Disclosures: Status Report 2019, S. 11

88 Siehe zum Beispiel die UNGC Broschüre: Verbindungen schaffen: Nutzung der GRI G4 Leitlinien zur Berichterstattung über die Global Compact Prinzipien, UN Global Compact, Juni 2014

89 UNPRI, PRINZIPIEN FÜR VERANTWORTLICHES INVESTIEREN 2019, S.4.

90 http://www.climateaction100.org/ abgerufen am 31.12.2019

91 Climate Action 100+, Progress Report 2019, S. 43

92 Principles for Reponsible Investment, UNEP Finance Initiative (Hg.), Net Zero Asset Owners Alliance Brochure, S. 5

93 COM (2016) 739, MITTEILUNG DER KOMMISSION AN DAS EUROPÄISCHE PARLAMENT, DEN RAT, DEN EUROPÄISCHEN WIRTSCHAFTS- UND SOZIALAUSSCHUSS UND DEN AUSSCHUSS DER REGIONEN: Auf dem Weg in eine nachhaltige Zukunft , Europäische Nachhaltigkeitspolitik, S. 3

94 COM (2016) 739, MITTEILUNG DER KOMMISSION AN DAS EUROPÄISCHE PARLAMENT, DEN RAT, DEN EUROPÄISCHEN WIRTSCHAFTS- UND SOZIALAUSSCHUSS UND DEN AUSSCHUSS DER REGIONEN: Auf dem Weg in eine nachhaltige Zukunft , Europäische Nachhaltigkeitspolitik, S. 12

95 COM (2018) 97, MITTEILUNG DER KOMMISSION AN DAS EUROPÄISCHE PARLAMENT, DEN EUROPÄISCHEN RAT, DEN RAT, DIE EUROPÄISCHE ZENTRALBANK, DEN EUROPÄISCHEN WIRTSCHAFTS- UND SOZIALAUSSCHUSS UND DEN AUSSCHUSS DER REGIONEN, Aktionsplan: Finanzierung nachhaltigen Wachstums

96 European Commission https://ec.europa.eu/info/sites/info/files/180926-sustainable-finance-factsheet_en.pdf

97 COM (2018) 97, MITTEILUNG DER KOMMISSION AN DAS EUROPÄISCHE PARLAMENT, DEN EUROPÄISCHEN RAT, DEN RAT, DIE EUROPÄISCHE ZENTRALBANK, DEN EUROPÄISCHEN WIRTSCHAFTS- UND SOZIALAUSSCHUSS UND DEN AUSSCHUSS DER REGIONEN, Aktionsplan: Finanzierung nachhaltigen Wachstums, Anhang 4

98 COM (2018) 97, Aktionsplan: Finanzierung Nachhaltigen Wachstums, S. 22

99 Bundesanstalt für Finanzdienstleistungsaufsicht, Dezember 2019, Merkblatt zum Umgang mit Nachhaltigkeitsrisiken, S. 18

100 COM (2019) 640, MITTEILUNG DER KOMMISSION AN DAS EUROPÄISCHE PARLAMENT, DEN EUROPÄISCHEN RAT, DEN RAT, DEN

EUROPÄISCHEN WIRTSCHAFTS- UND SOZIALAUSSCHUSS UND DEN AUSSCHUSS DER REGIONEN, Der europäische Grüne Deal, S. 20

101 EU Technical Expert Group on Sustainable Finance, Taxonomy Technical Report June 2019, S. 234f.

102 Interinstitutional File:2018/0178 (COD); 14970/19 ADD 1; 17. Dezember 2020; Subject: Proposal for a REGULATION OF THE EUROPEAN PARLIAMENT AND OF THE COUNCIL on the establishment of a framework to facilitate sustainable investment COM (2018) 353 final, Art 4 gamma

103 Schroders, Index based ESG Strategies: Key things to watch for, August 2018, S. 4

104 Sustainalytics, Risk Ratings, 2019; Morningstar, Morningstar Sustainability Rating Methodology Version 1.2., October 2019

105 Chris Taylor, „'Green is good.' Is Wall Street's new motto sustainable?", REUTERS 13.1.2020

106 John Goldstein, Exchanges at Goldman Sachs, Podcast, 15.12.2019. Episode 143: Is Sustainable Finance the Next Big Commercial Opportunity? www.goldmansachs.com/insights/podcasts/episodes/12-15-2019-goldstein.html

107 Chris Taylor, „'Green is good.' Is Wall Street's new motto sustainable?", REUTERS 13.1.2020

108 Credit Suisse Reseach Institute, Global Wealth Databook 2019, Oktober 2019, S.

109 EFAMA; International Statistical Release, Worldwide Regulated Openended Fund Assets and Flows, 3Q2019

110 VÖIG, Pressemitteilung Jahresergebnis 2019, 17.1.2020, S. 2

111 FNG, Marktbericht Nachhaltige Geldanlagen 2019, S. 47

112 FNG, Marktbericht Nachhaltige Geldanlagen 2019, Deutschland, Österreich und die Schweiz, S. 13

113 FNG, Marktbericht Nachhaltige Geldanlagen 2019, Deutschland, Österreich und die Schweiz, S. 25

114 FNG, Marktbericht Nachhaltige Geldanlagen 2019, S. 47

115 VERORDNUNG (EU) 2019/2088 DES EUROPÄISCHEN PARLAMENTS UND DES RATES vom 27. November 2019 über nachhaltigkeitsbezogene Offenlegungspflichten im Finanzdienstleistungssektor, Erwägungsgründe 23 und 26

116 VERORDNUNG (EU) 2019/2088 DES EUROPÄISCHEN PARLAMENTS UND DES RATES vom 27. November 2019 über nachhaltigkeitsbezogene Offenlegungspflichten im Finanzdienstleistungssektor, Erwägungsgründe 23 und 26

117 Willis Towers Watson, Global Pension Assets Study 2019, S. 3

118 IPE, Top 1000 Pension Funds 2019, https://www.ipe.com/reports/special-reports/top-1000-pension-funds/top-1000-pension-funds-2019-data/10033055.article

119 Thomas Hammer, Nur nicht sauber werden, DIE ZEIT 30.10.2003 Nr.45

120 Bayerische Versorgungskammer, Über Uns, Nachhaltige Kapitalanlage. https://www.versorgungskammer.de/Kapitalanlage#1850 Abgerufen am 31.1.2020, 22h

121 Siehe z. B. ÖGUT, Nachhaltigkeitsprüfung für Betriebliche Vorsorgekassen und Pensionskassen, Anforderungsprofil 2019

122 VERORDNUNG (EU) 2019/2088 DES EUROPÄISCHEN PARLAMENTS UND DES RATES vom 27. November 2019 über nachhaltigkeitsbezogene Offenlegungspflichten im Finanzdienstleistungssektor, Art 3(1).

123 BVI, über die Branche in BVI.de, https://www.bvi.de/ueber-die-branche/ abgerufen am 31.1., 22h

124 Siehe zum Beispiel APK Sigma, Das Nachhaltigkeits-Anlagekonzept der APK Vorsorgekasse AG.

125 BASF Pensionskasse, Erklärung der BASF Pensionskasse VVaG zu den Grundsätzen der Anlagepolitik gemäß § 234i VAG, S.4, April 2019

126 UNEP PSI file:///C:/Users/adam/OneDrive/Dokumente/Lessing%20Advisors/Research/Insurance/1709%20UNEP%20Presentation%20on%20PSI%20members-meeting-PSI.pdf

127 AXA, De Castries, Henri, Rede vom 22. Mai 2015 abgedruckt in https://www.axa.com/en/newsroom/news/about-whether-about-when abgerufen am 31.12.2019

128 Gespräch des Autors mit Nicola Koch, Project Manager 2°Investing Initiative, E-Mail vom 20.02.2020

129 Harry M. Markowitz: Portfolio Selection. In: Journal of Finance. 7, 1952, ISSN 0022-1082, S. 77–91.

130 2 "ESG and financial performance: aggregated evidence from more than 2000 empirical studies," Journal of Sustainable Finance & Investment, 2015

131 Principles for Responsible Investment, How to Invest in the Low Carbon Economy, An institutional Investors' Guide, New York, 2018; https://www.unpri.org/download?ac=6241

132 Erste Asset Management, Kohle Divestment Richtlinie

133 MSCI, Factsheet MSCI WORLD INDEX (USD) zum 31.12.2019, S. 2, https://www.msci.com/documents/10199/149ed7bc-316e-4b4c-8ea4-43fcb5bd6523

134 Bundesministerium für Nachhaltigkeit und Tourismus, Richtlinie UZ49 Nachhaltige Finanzprodukte, S. 11; FNG; FNG-Siegel Mindestkriterien, https://www.fng-siegel.org/siegelkriterien.html abgerufen am 31.1.2019

135 STOXX Ltd./Deutsche Börse Group, STOXX® Low Carbon Family of Indices Overview, Jul1 2019, S. 8

136 STOXX Ltd./Deutsche Börse Group, STOXX® Low Carbon Family of Indices Overview, Jul1 2019, S. 9

137 Schroders Investment Management (Europe), Schroder International Selection Fund Global Climate Change Equity, Factsheet zum 31.12.2019 S. 1

138 In Deutschland umgesetzt im Gesetz zur Umsetzung der zweiten Aktionärsrechterichtlinie (ARUG II) vom Dezember 2019, in Österreich im Bundesgesetz über die Wertpapier- und allgemeinen Warenbörsen 2018 (Börsegesetz 2018 – BörseG 2018) §§ 185ff.

139 ROBECO; Engagement Policy 2020

140 Invesco, Investment stewardship proxy voting report 2018.

141 Nordea, Fondsporträt 3. Quartal 2019 Nordea 1 – Global Climate and Environment Fund

142 S&P Dow Jones Indices, S&P Thematic Indices Methodology, Jänner 2020, S. 9f.

143 UNEP, The Net Zero Asset Owners Alliance, S. 5

144 Allianz Top-Fonds Auswahl für Riester-Renten ab 2016. https://www.fondsreport-digital.de/ mit Weiterleitung auf http://lt.morningstar.com/tqc7mipli2/fundquickrank/default.aspx abgerufen am 31.1.2020

145 Best Zins RZB Garant special edition Klimaschutz

146 https://www.stuttgarter.de/rente-vorsorge/gruenerente abgerufen am 31.1.2020

147 APK Vorsorgekasse, APK SIGMA - das Nachhaltigkeits – Anlagekonzept der APK Vorsorgekasse AG

148 ÖGUT, Anforderungsprofil 2019 für Nachhaltigkeitsprüfung für Betriebliche Vorsorgekassen und Pensionskassen, S. 8

Abbildungsverzeichnis

S. 23: Shutterstock / © Bakhtiar Zein

S. 27: Quelle: http://www.bmz.de/de/ministerium/ziele/2030_agenda/index.html

S. 39: United Nations Statistics Division, The Sustainable Development Goals Report 2019, Goal 12. Online abrufbar unter: https://unstats.un.org/sdgs/report/2019/goal-12/ (Stand: März 2020)

S. 66–67: Siemens AG, Nachhaltigkeitsinformationen 2018, S. 53

S. 98–99: Leitfaden für ethisch-nachhaltige Geldanlage in der evangelischen Kirche, 4. aktualisierte Auflage, EKD Texte 113, S. 56 ff.

S. 131: Quelle: http://www.bmz.de/de/ministerium/ziele/2030_agenda/index.html

S. 136: UN, Sustainable Development Goals Report 2019, S. 48

S. 149–150: Tabelle: Task Force on Climate-related Financial Disclosures: Status Report 2019, S. 11

S. 165: Quelle Daten: EU, Grafik: Ines Flattinger

S. 166–167: COMMUNICATION FROM THE COMMISSION. Action Plan: Financing Sustainable Growth. COM(2018) 97 final

S. 188: Schroders, Index based ESG Strategies: Key things to watch for, August 2018, S. 4

S. 202: FNG – Forum Nachhaltige Geldanlagen

S. 226: Daten: S&P Dow Jones Indices, 31. Dezember 2019. Copyright © 2020 S&P Dow Jones Indices LLC. All rights reserved. STANDARD & POOR'S, S&P, S&P 500 INDEX, S&P 500 ESG INDEX are registered trademarks of Standard & Poor's Financial Services LLC ("S&P")

S. 232: Daten: MSCI Inc, 31. Dezember 2019. MSCI and the names of all MSCI indexes and products are trademarks and service marks of MSCI or its subsidiaries

© Marlene Fröhlich, www.luxundlumen.com

***Dr. Adam Lessing** ist einer der führenden österreichischen Experten auf dem Gebiet der Investmentfonds und berät internationale Investmentmanager und Vertriebe bei deren Aktivitäten. Er hat für zahlreiche globale Investmentbanken und -firmen gearbeitet und kennt das internationale Investmentgeschäft und die Chancen und Risken der Nachhaltigkeit aus erster Hand.*